작가의 여정

문 학 거 장 들 의 발 자 취 를 따 라 서

작가의 , 여정

트래비스 엘버러 지음
김문주 옮김
박재연 감수

Pensel

차례

들어가며

프랑스의 문학 이론가 롤랑 바르트는 언젠가 '작가의 휴가'라는 수필을 쓰면서, 파도가 밀려오는 하얀 모래 사장에서 느긋한 시간을 보내거나 콩고를 누비는 여행 도중에도 완전히 펜을 놓을 수 없는 작가의 운명에 대해 묵상했다. "휴가를 즐길 때 작가는 인간적인 면모를 드러내지만, 작품을 빚어내는 신으로서의 모습은 여전히 남아 있다. 루이 14세가 화장실에서조차 왕인 것처럼, 작가는 언제나 작가다." 우리 모두의 삶이 일종의 여정이라면, 작가들의 삶은 신선한 소재들의 더 풍요로운 원천을 찾아 나서는 여정인 셈이다. 이 책에서 보여주듯, 진정으로 눈부시게 빛나는 문학 작품 중 일부는 작가들이 어떤 장소들을 방문하고 나서 느낀 소회, 또는 일상적인 장소에서 벗어나 시간을 보낸 데서 비롯된 결과, 아니면 새로운 나라에서 새로운 삶을 받아들이는 과정에서 탄생한 것이다.

작가와 시인들은 종종 소재를 찾거나 책을 쓸 목적으로 의미 있는 여행을 떠나곤 한다. 이 책에서 독자들은 그런 카테고리에 맞아떨어지는 다양한 사례를 만나게 될 것이다. 역시나 곧 알게 되겠지만, 작가들의 오디세이가 의도치 않게 훗날의 작품들에 영향을 미치

는 사례도 빈번하다. 어떤 경우 이 여정은 작가의 창작 활동을 완전히 바꿔놓고, 또 어떤 경우 한 사람을 작가로 바꿔놓는 직접적인 계기가 되기도 한다. 완전히 다른 풍광에 깊숙이 빠져들거나, 다른 민족이나 익숙지 않은 교통, 관습, 음식, 술, 날씨, 곤충과 카페, 술집, 호텔 등과 조우하며 날 것 그대로의 소재들을 얻을 수 있기 때문이다. 또는 추억들을 저장해 두었다가 나중에 인쇄물을 통해 채굴할 수도 있다. 작가들은 어떤 장소로 멀리 떠남으로써 글로 쓸 시간과 거리감, 공간을 얻으며, 여기에 덤으로 몇몇 친절한 현지인들이나 비슷한 마음을 가진 사람들, 예술적인 재능을 가진 동료 외국인들과 함께하기도 한다.

오늘날의 세계는 몇 세기 전 과거에 비하면 탐험하기에 그다지 어렵지 않은 환경을 제공한다. 또한 디지털적으로 연결되고 세계화되어서 다른 나라들의 풍경과 소리, 맛을 쉽게 손에 넣을 수 있다. 그러나 꽤나 최근까지도 여행은 몹시도 힘겹고 값비쌌으며, 실질적인 위험이 딸려오는 일이었다. 현지인들과 호텔리어들은 항상 친절하지만은 않았다. 증기나 석유로 동력을 얻기 전에 쓰이던 나무로 된 배는 날씨에 운명을 맡길 수

밖에 없어 끊임없이 위기와 마주했다. (이 책에서 만나 볼 몇몇 작가들은 실제로 물에 빠져 죽을 뻔하기도 했다.) 질병 역시 방랑하는 작가들의 삶에 위협을 선사했다. 고대의 땅으로 향하는 긴 여행에는 콜레라로 쓰러지거나 말라리아에 걸릴 위험이 동반되었다. 슬프게도 이 책에서 가장 많은 곳을 돌아다닌 작가들 가운데 한 명은 이질에 걸려 죽음을 맞이한 것으로 밝혀졌다.

앞으로 펼쳐질 이야기에 등장하는 몇몇 작가는 말 그대로 알려지지 않은 미지의 땅으로 여행을 떠났거나, 대략적으로 그려진 지도만 존재할 뿐 다른 사람들은 거의 신경 쓰지 않는 지역으로 잘못 접어드는 경험을 했다. 반면 이 계층구조의 반대편에 있는 작가 한두 명은 베스트셀러가 될 작품들 덕에 경제적 성공을 거둬서 상당히 근사한 방식으로 모험을 떠났다. 즉, 일등석으로 여행하고, 선장과 같은 식탁에 앉거나 최고급 레스토랑에 가서 식사를 하며, 가장 세련된 호텔에서만 묵었다는 사실이 각각의 여행기에서 밝혀졌다. 몇몇 작가들은 그저 특정 지역에 관해 글을 쓴 것만으로 그 작가, 또는 작중인물의 발자취를 따라가도록 사람들을 부추겼다. 덕분에 그 지역들은 관광 지도에 명승지로 이름을 올릴 수 있었다. 어찌 됐건 문학 순례자들은 자신이 가장 좋아하는 작가가 쓴 소설 속에 등장하는 실제 장소들을 오랫동안 찾아왔다. 문학계의 아이돌들이 일찍이 집에서 멀리 떨어져 미래의 걸작을 쓸 때 자주 출몰했던 장소들도 마찬가지다.

그리하여 이 책은 궁극적으로 먼 길을 떠났던 작가들, 그리고 모든 면에서 작가들의 창의성을 뒤흔든 도처의 장소들에 바치는 지도책이 되겠다. 그 여정은 선으로 표시했고(내가 그리기도 하고 지도 제작자가 그리기도 했다), 그들이 여행을 떠났던 방향이 우리의 좌표를 정해주었다. 이렇듯 기항지들은 손쉽게 표시할 수 있었지만, 여기에 담긴 이야기는 일부일 뿐이다. 이 책에 실린 작가들의 여정은 개인적인 삶과 더 넓은 문학적 풍경에 커다란 반향을 일으켰다. 이 여행자들의 이야기를 통해, 독자들도 그들의 여정이 최종 목적지만큼이나 즐거웠음을 느낄 수 있길 바란다.

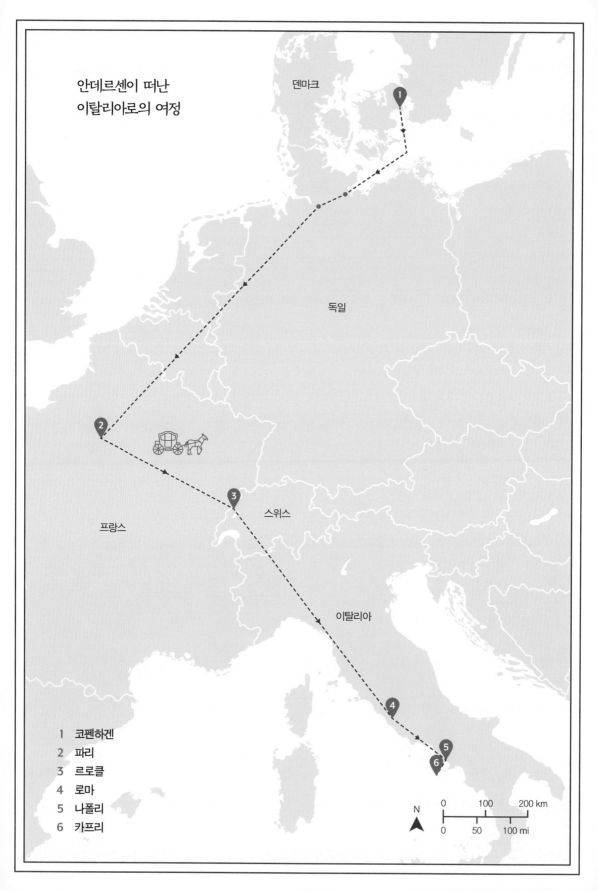

안데르센이 떠난
이탈리아로의 여정

덴마크

독일

프랑스

스위스

이탈리아

1 코펜하겐
2 파리
3 르로클
4 로마
5 나폴리
6 카프리

N

0   100   200 km
0   50   100 mi

한스 크리스티안 안데르센, 이탈리아에서 소설가가 되다

Hans Christian Andersen, 1805~1875

책벌레 구두장이와 문맹에 가까운 세탁부 간의 길지 않은 결혼생활 중 혼외자로 태어난 한스 크리스티안 안데르센은 평생 동안 아웃사이더로 취급당했다. 안데르센은 구부정한 키, 여자아이처럼 가느다란 목소리와 수줍은 태도로 놀림받았고, 어린 시절부터 돈을 벌러 나가야만 했다. 홀어머니를 부양하기 위해서 그는 방직공장과 담배공장에서 힘겹게 일했다. 훗날 어머니는 재혼했고, 그 덕에 안데르센은 고향인 덴마크 오덴세의 한 자선 학교에 입학하면서 굴욕적인 육체노동의 길에서 구제받았다. 시골구석에 머무는 데 만족하지 못한 안데르센은 1828년 코펜하겐으로 여행을 떠났고, 도시의 대학에서 공부할 수 있게 지원해 줄 후원자를 찾는 데에 성공했다. 1년 후, 여전히 학생이었던 그는 연극용 희곡을 쓰기 시작했는데 독일의 낭만주의 작가인 호프만의 맥을 잇는 환상적인 동화를 출간했고, 문학적으로 성공하는 첫 감격을 만끽하게 된다.

그렇게 부유한 팬들로부터 경제적인 뒷받침을 받으면서, 안데르센은 2년 전 유익했던 독일 여행에 이어 1833년부터는 아예 외국에서 장기 체류를 시작했다. 그는 이 외유의 시간을 대부분 이탈리아에서 보냈다. 이탈리아는 그가 요한 볼프강 폰 괴테의 《이탈리아 기행》과 당시 인기 소설이었던 제르멘 드 스탈의 《코린나 이탈리아 이야기》를 읽은 이후 항상 꿈꾸던 나라였다.

안데르센은 1834년 4월 22일 코펜하겐을 떠나 1834년 8월 3일까지 돌아오지 않았다. 첫 목적지는 파리였다. 그곳에서 3개월을 지냈고, 난생처음 빅토르 위고를 만났다. 1833년 7월 15일 안데르센은 스위스로 떠났고, 프랑스 국경을 넘자마자 나오는 산골 마을인 르로클에 머물렀다. 그 알프스의 풍광은 훗날 가장 유명한 안데르센 동화 중 하나인 《얼음 처녀》를 쓰는 데에 영향을 미쳤으리라. 안데르센은 마침내 9월 19일 이탈리아에 도착했고, 10월 18일에는 로마에 입성해서 1834년 2월 12일까지 지냈다.

로코코양식의 가톨릭 성당과 고대 사원들이 만들어내는 광경과 소리에 자극받으며 《즉흥시인》을 쓰기 시작한 바로 그 장소가 로마였다. 안데르센의 첫 장편소설인 《즉흥시인》은 빈털터리에서 시작해 예술적이고 정서적인 부를 이룬 그의 반¾ 자전적인 성장소설로, 이 작품 덕에 그는 일찍이 명성을 얻었다. 이 책에서 가장 의미심장한 세부 묘사 중 하나는 주인공 안토니오를 로마 빈민가에서 자란 이탈리아 가수이며 트리톤 분수가 눈에 들어오는 바르베리니 광장과 펠리체

길모퉁이에서 태어났다고 설정한 점이다.

스페인 계단부터 콜로세움까지, 도시의 지형을 이루는 다른 요소들 역시 소설의 배경으로 채택됐다. 예를 들어, 어린 안토니오가 난생처음 기타를 맨 임프로비사토레(거리의 즉흥시인)를 보게 된 곳은 트레비 분수 근처였다. 한편 아홉 살이 된 안토니오는 캄피돌리오 산꼭대기의 아라 코엘리에 있는 성상으로 가득 찬 산타마리아 성당에서 노래에 대한 자신의 재능을 드러낸다.

새해에 안데르센은 헤르츠와 함께 남부지방으로 향했고, 1834년 2월 16일 나폴리에 도착했다. 이 항구는 선원과 가수, 도박꾼, 포주와 창녀들로 북적였다. 나폴리의 뜨겁고 저속한 분위기는 즉각 헤르츠의 리비도(성적 충동)를 부추긴 듯 보인다. 나폴리에서 사흘을 보낸 뒤 안데르센은 일기장에 벨라 돈나bella donna(아름다운 아가씨들)를 소개해주겠다며 접근해 오는 포주들의 이야기를 적어 내려갔다. "나는 날씨가 내 피에 영향을 미치고 있음을 눈치챘다. 끓어오르는 열정이 느껴졌지만 꾹 억눌렀다." 두 남자를 흥분시킨 또 다른 존재는 나폴리 동쪽에 위치한 베수비오 화산으로, 둘이 이 도시에 머물던 어느 저녁에 폭발하고 말았다. 안데르센은 "갑작스럽게… 기이한 소리가 공중으로 울려 퍼지는 것을 들었다. 마치 여러 개의 문을 한꺼번에, 그러나 초인적인 힘으로 쾅하고 세게 닫아버리는 것 같았다."라고 썼다. 근방에 있는 헤르쿨라네움(기원전 베수비오 화산이 폭발하면서 매몰된 고대도시 —옮긴이)과 폼페이의 잔해 역시 그에게 깊은 인상을 남겼다.

다시 한번 소설 속에서, 안토니오는 나폴리의 오페라하우스인 테아트로 디 산 카를로에서의 공연으로 관객들을 감동시킨다. 이 오페라하우스는 2월 23일 전설적인 콘트랄토 소프라노 가수 아미라 말리브란이 빈센조 벨리니의 작품 <노르마Norma>의 주연을 맡아 황홀한 노래를 선보이는 모습을 안데르센이 감상했던 장소다. 그는 말리브란에게서 영감을 얻어 안토니오의 첫사랑 안눈치아타라는 인물을 떠올리기도 했다.

《즉흥시인》에서 극히 중요하게 두드러지는 또 하나의 장소가 더 있다. 안데르센은 카프리 섬에 있는 그로타 아주라Grotta Azzurra 혹은 '푸른 그로타'를 다시 방문하는 안토니오의 모습을 그리면서 소설을 끝맺는다. 그로타는 절벽에 난 작은 입구를 통해서만 접근할 수 있는 바위 동굴 내부에 있으며, 옛날 옛적에는 티베리우스 황제를 위한 개인 수영장으로 쓰이다가 최근에 와서 외부에 다시 공개됐다. 안데르센은 1843년 3월 이곳을 직접 방문했다. 이제 덴마크인과 스칸디나비아인들에게 그로타는 거의 문학적 순례 여행의 성지가 되었다. 안데르센이 "모든 것이 푸른 하늘처럼 어슴푸레 빛나고" 물은 "마치 타오르는 푸른 불 같다."고 묘사한 동화 세상을 직접 보기 위해 수백 명의 사람이 떼 지어 찾아갔다.

안데르센은 부활절 주간을 맞아 로마로 되돌아갔고, 그 후 피렌체와 베네치아를 거쳐 비엔나와 뮌헨으로 향했다. 이탈리아를 떠난 뒤 이 작가는 "독일에 쏟을 정신이나 마음이 전혀 없다."라고 썼다. 그러나 안데르센은 《즉흥시인》을 마무리하고 첫 동화집 두 권을 출판할 준비를 하기 위해 덴마크로 돌아왔다. 세 가지 책 모두 1835년에 몇 달에 걸쳐 차례로 출간됐다. 덴마크인 안데르센은 《즉흥시인》으로 명성을 얻었지만, 어느 통찰력 있는 비평가가 단언했듯이 그를 불멸의 작가로 만들어준 것은 동화들이었다.

▶ 위 : 로마
▶ 아래 : 1835년경 야코프 알트의 <카프리 섬의 블루 그로타>, 수채화

마야 안젤루,
가나에
마음을 빼앗기다

Maya Angelou, 1928~2014

마야 안젤루는 시와 토속적인 이야기부터 흡입력 있는 자서전과 회고록까지, 다채로운 예술적 성취를 거두었다. 가수와 연기자로서의 경력도 쌓았는데, 오페라 <포기와 베스>의 순회공연에 참여했으며 할리우드 최초의 흑인 여성 감독이 되기도 했다. 또한 1950년대 후반과 1960년대에는 흑인 민권운동을 이끈 활동가였다. 마틴 루터 킹 박사와 그 아들의 SCLCSouthern Christian Leadership Conference(남부기독교지도회의)에서 진행 책임자로 활동하다가, 미국을 떠나 아프리카로 향했다.

안젤루는 아들 가이와 남편 부숨지 마케와 함께 카이로에서 거의 2년을 살았다. 부숨지 마케는 남아프리카의 반 아파르트헤이트 운동가로서 이집트의 흑인해방조직인 PACPan Africanist Congress의 대표를 맡고 있었다. 1962년 짧은 결혼생활이 끝나자 안젤루는 라이베리아의 정보부에서 근무해 달라는 제안을 받아들였고 일을 시작하기 전에 아크라 대학교에 입학 예정인 아들과 함께 가나를 여행하기로 계획했다. 그러나 아크라에 도착한 지 며칠 되지 않아 가이는 술 취한 운전자가 낸 교통사고로 부상을 입었고, 안젤루는 아들을 돌보기 위해 어쩔 수 없이 그곳에 머물러야만 했다. 안젤루가 훗날 자서전 《하나님의 모든 아이들에겐 여행용 신발이 필요하다》에서 썼듯 결국 "말 그대로 사고로(by accident라는 표현에는 '사고에 의해'뿐 아니라 '우연히'라는 의미가 있다 —옮긴이)" 이 나라에 머물게 됐던 것이다.

기니 만 연안에 자리한 이 서아프리카 국가는 1957년에야 영국으로부터 독립했다. 초대 대통령은 카리스마 넘치는 마르크스주의자 콰메 은크루마로, 그는 식민 통치가 끝난 아프리카 대륙을 자신의 조국이 앞장서 이끌어갈 수 있으리라 믿었다. 또한 대륙 전체가 제국주의적 압제에서 벗어나 사회주의 하에 단결하길 소망했다. 그는 가나로 이민 오길 원하는 모든 아프리카계 미국인들을 두 팔 벌려 환영했고 아직도 백인 통치가 이루어지는 아프리카 남부와 동부에서 도망쳐 나온 정치적 난민들을 품었다. 이에 안젤루는 라이베리아에서 받은 일자리 제안을 거절하고 가나에 자리 잡기로 마음먹었다. 마침내 안젤루와 아들은 "우리 삶에서 최초로 우리의 피부색이 올바르고 정상이라고 받아들여지는" 곳에 머물게 된 것이다.

안젤루는 대학의 아프리카학 연구소에서 사무직에 취직했고, 작가 겸 연기자인 줄리안 메이필드(CIA와 FBI의 관심에서 벗어나기 위해 미국을 떠난 흑인 망명가)와 시인이자 극작가, 교사이면서 국립가나극장의 지도사인 에푸아 서덜랜드와 가까워졌다. 안젤루는 곧 극장 일을 거들면서, 예약을 받고 매표소에서 입장권을 팔게 됐다. 그리고 나중에는 베르톨트 브레히트의 《억척 어멈과 그의 자식들》에서 주연을 맡아 무대에 올랐다.

마틴 루터 킹 박사가 1963년 8월 28일 워싱턴DC에서 흑인의 취업과 자유를 요구하는 행진을 계획한다는

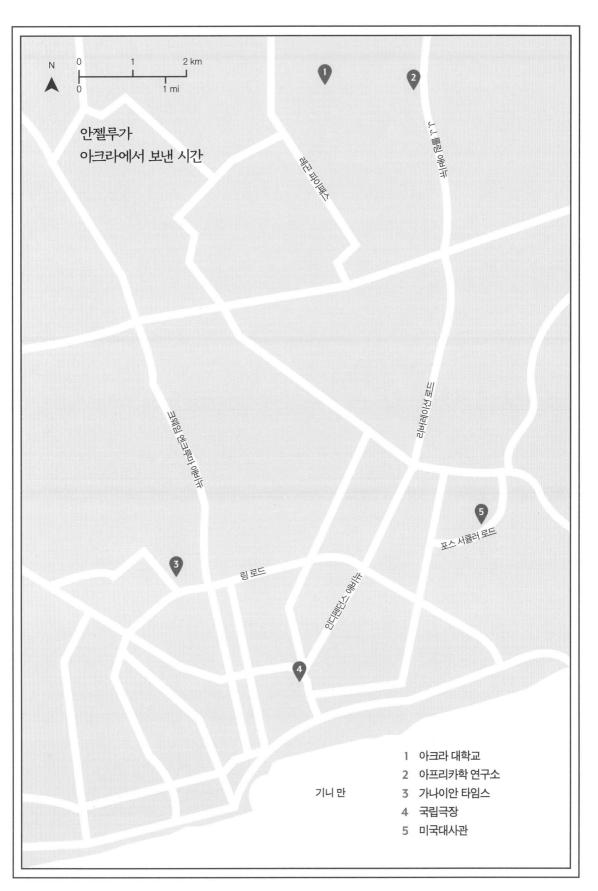

소식이 발표됐다. 25만 명의 사람들이 링컨 기념관 앞에 모이고, 킹 박사가 길이 남을 명연설 '나에게는 꿈이 있습니다'로 마무리 지었던 그 역사적인 사건이었다. 당시 안젤루는 아크라에서 자매 행사를 도모한 주최자들 가운데 하나였다. 그들은 결속력을 보여주기 위해 미국대사관 앞을 지나 행진하기로 되어 있었다. 다만 시차 때문에 킹의 행진과 동시에 진행하려면 자정에 행사를 시작해야만 했다.

안젤루가 가나에 머무는 동안 미국 시민권 투쟁의 또 다른 주요 인사 두 명이 아크라에 도착했다. 복싱선수 무하마드 알리와 안젤루의 친구이자 열렬한 웅변가 맬컴 엑스였다. 맬컴 엑스는 자신만의 여정을 이어가고 있었는데, 한때 멘토였던 네이션 오브 이슬람(미국에서 흑인해방운동을 주도한 이슬람 비밀결사 조직 —옮긴이)의 엘리자 무하마드와 결별한 것이다. 대중들에겐 은크루마처럼 환영받은 맬컴이었지만, 가나에서 알리와 마주쳤을 때는 엘리자를 버린 것으로 인해 냉대받았다.

안젤루가 가나에서 아무리 행복하게 지냈다 하더라도 아프리카계 미국인 이주자들과 원주민들 간의 갈등을 목격했을 것이며, 또한 은크루마 정부 관리들이 향유하던 생활양식과 평범한 시민들의 생활양식 간에 어느 정도 불균형이 존재함을 보았으리라. 언어는 망명자들과 가나 사람들을 갈라놓는 결정적인 요소였고, 따라서 안젤루는 판티어를 배우기로 자처했다.

가나에서 2년을 보낸 후 안젤루는 고향으로 돌아가고 싶은 마음이 들었다. 안젤루는 당시 아프로 아메리칸 통일기구Organization of Afro-American Unity를 조직한 맬컴 엑스의 편지를 통해 미국에서 어떤 행사가 벌어지고 있는지 알게 되었으며, 조국이 위대한 변화의 문턱에 섰음을 감지했다. 그리고 그 투쟁에서 자신의 몫을 다하기 위해 고국으로 돌아가기로 결정했다.

안젤루가 쓴 시와 산문은 모든 흑인들의 명분과 경험을 표현할 수 있는 도구가 되었다. 특히 맬컴 엑스와 킹 박사가 암살당한 이후에는 더욱 그랬다. 그럼에도 가나가 안젤루의 창의적인 여정에서 결정적인 기착지였다는 사실에는 변함이 없다. 안젤루는 이렇게 단언했다. "아프리카의 심장이 무엇인지는 여전히 모호한 채 남아 있지만, 이를 좇는 과정에서 나는 나 자신, 그리고 다른 사람들을 더욱 깊이 이해하게 됐다."

◀ 가나 아크라
▼ 아크라 콰메 은크루마 추모공원의 은크루마 묘소

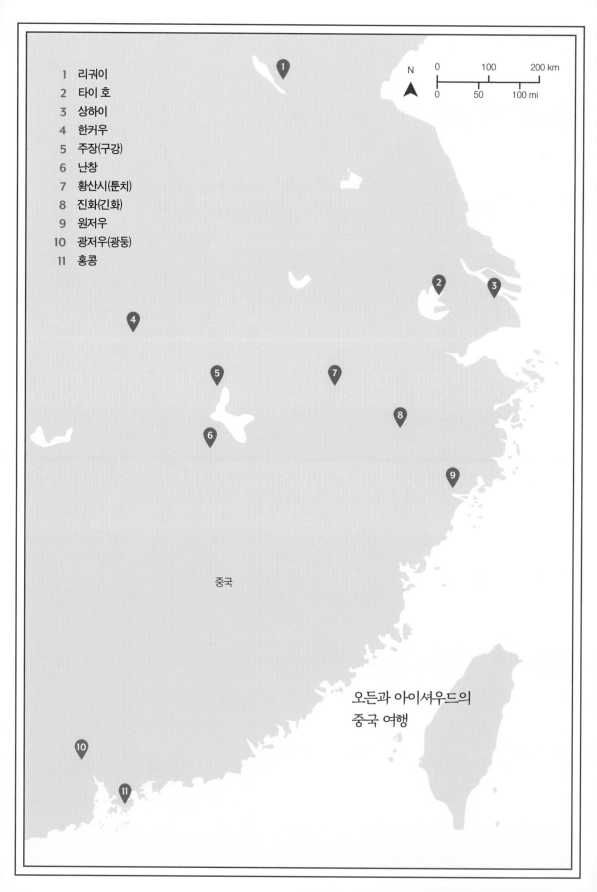

1 리궈이
2 타이 호
3 상하이
4 한커우
5 주장(구강)
6 난창
7 황산시(툰치)
8 진화(긴화)
9 원저우
10 광저우(광둥)
11 홍콩

N

| 0 | | 100 | | 200 km |

| 0 | 50 | 100 mi |

중국

오든과 아이셔우드의
중국 여행

W.H.오든과
크리스토퍼 아이셔우드,
전쟁터로 향하다

W.H. Auden, 1907~1973 & Christopher Isherwood, 1904~1986

《아이슬란드로부터의 편지》는 W.H.오든이 루이스 맥니스와 함께 쓴 여행책으로, 두 시인은 1936년의 아이슬란드 여행을 시와 산문으로 표현했다. 이 책에 대한 호의적인 반응 덕에 오든은 미국 출판사로부터 동양에 관한 후속작을 써달라는 요청을 받았고, 이를 위해 크리스토퍼 아이셔우드와 손잡았다. 오랜 친구이면서 가끔씩 애인이 되기도 했던 아이셔우드는 그와 함께 이제 막 가상의 아시아 국가를 배경으로 한 희곡《F6봉에 오르며》의 집필을 마친 상태였다.

1937년 1월 오든은 동시대에 활동한 조지 오웰과 미친가지로 스페인의 정치적 상황에 감명을 받아 비크셀로나로 갔고, 구급차 운전사로 자원해 공화주의적 신조를 지지하려 했다. 그러나 공화파를 도우려던 다양한 시도는 좌절당했다. 또한 여러 좌익세력의 내분과 바르셀로나 성당이 파괴되는 모습에 겁을 먹고 완전히 질린 나머지 고작 두 달 뒤에 영국으로 돌아왔다. 그해 여름, 오든과 아이셔우드가 여행책을 쓰기 위해 계획을 세우는 동안 만주를 장악(1931년)하고 중국 영토를 침공했던 일본군이 베이징에서 남하해 상하이를 공격하고 있다는 소식이 전해졌다. 훗날 아이셔우드는 당시 중국에 대해 "세계에서 가장 결정적인 전쟁터 중 하나가 되었다."라며, 반드시 중국으로 가서 글을 쓰리라 결심했다고 회상했다. "또한 스페인과 달리 중국은 아직 유명한 문학적 관찰자들로 붐비지 않는다."라고

어쩐지 냉소적인 어조의 말을 내뱉기도 했다. 몇십 년 뒤 아이셔우드가 회고록《크리스토퍼 앤 히스 카인드》에서 옛일을 회상하며 기록한 바에 따르면, 오든은 "딱 우리만의 전쟁을 누릴 수 있을 거야."라고 말했던 것으로 보인다. 엄밀히 말해서 이는 진실이 아니었다. 그들이 여행 중 우연히 만나게 된 서양의 저명인사들 가운데는 여행작가 피터 플레밍과 전쟁사진가 로버트 카파도 있었다.

아이셔우드뿐 아니라 오든에게도 이는 '수에즈 동쪽의 어딘가'로 떠나는 최초의 여행이었다. 둘 다 인정했듯 중국어를 할 줄 몰랐고 '극동 문제에 관한 전문 지식'도 전혀 가지고 있지 않았다. 그러나 두 문인이 위험한 전쟁터로 여행을 떠난다는 소식이 퍼지자 자연스럽게 관심이 쏠렸다. 1938년 1월 19일 런던 빅토리아 역 앞은 도버 행 열차에 오르는 둘을 취재하러 온 기자들과 사진기자들로 인산인해를 이루었다.

파리에서 하룻밤을 보낸 뒤 작가들은 마르세유로 가기 위해 남쪽 지방으로 내려갔고, 이후 아라미스 호를 타고 이틀 동안 항해했다. 여객선이 이집트 포트사이드에 도착하자 둘은 배에서 내려 하루 동안 카이로에 머물렀고, 수에즈 운하를 통과한 여객선과 포트튜픽에서 다시 만났다. 아라미스 호는 남쪽을 향해 안정적으로 항해하며 지부티와 스리랑카의 콜롬보, 싱가포르, 베트남의 호찌민(당시에는 사이공이라 불렸다)을 거쳐 2월 16일

◀ 1938년 1월 19일
아이셔우드와 오든은
런던에서 도버로 향하는
열차에 올랐다.

▶ 중국 난창

위해 좀 더 북쪽으로 올라가겠다는 요청도 승인받지 못
했다. 어쩔 수 없이 두 사람은 창장(장강, 양쯔강)에서 한
커우(훗날 우한시로 통합되는 세 도시 중 하나)로 후퇴했다.

오든과 아이셔우드는 대부분의 여행 기간 동안 '그
아이'의 도움을 받았다. 온화한 중년의 중국인 가이드
장 씨가 바로 '그 아이'였는데, 괴로울 정도로 느린 완행
열차를 타고 광저우를 떠나 첫 기항지인 한커우에 도착
하자 영사가 마음대로 쓰라며 붙여준 사람이었다. 한커
우에서 작가들은 영국 영사관 잔디밭에 누워서 일본 전
투기가 습격해 오는 모습을 지켜보았다. 이 느긋한 자
세는 모두 전멸할 수 있는 상황에서도 목이 뻐근해지는
것을 막으려고 오든이 제안한 것이었다.

아이셔우드는 '진짜' 전쟁 기자들을 만나면서 자신
들이 '단순 여행자'이며 어설픈 지식을 가진 아마추어
임을 털어놓고 싶은 충동을 느꼈다. 그러나 이 커플이
전선에서 위험한 순간들을 경험한 것만큼은 사실이었
다. 이를테면, 최전방인 한장을 방문했을 때 탁 트인 들
판을 가로지르는 동안 일본군들의 사격을 받는 위험에
노출되기도 했던 것이다.

그럼에도 중간중간 여유로운 순간이 찾아왔다. 둘
은 강을 따라 증기선을 타고 주장(당시의 구강)까지 갔
고, 도착해서는 구링 산에 자리한 저니스 엔드Journey's
End 호텔까지 이동했다. 호텔주인이자 개성 넘치는 영
국인 찰스턴 씨가 차를 보내준 덕분에 신속히 움직일
수 있었다. 위험을 무릅쓰고 주장부터 난창, 진화를 거
쳐 원저우에 이르자 이들을 상하이까지 데려다 줄 또
다른 증기선이 기다리고 있었고, 5월 25일 마침내 상하

홍콩에 도착했다. 공무원들은 영국 식민지에 온 두 작
가를 환영하며 레드카펫을 깔았시만, 둘은 어울리지 않
는 건축 양식들로 지어진 이 도시를 보며 "흉물스러운"
곳이며 "빅토리아 시대 식민지 요새"라고 생각했다.

2월 28일 오든과 아이셔우드는 홍콩을 떠나 광저우
로 가는 배에 올랐다. 당시는 일본군이 매일 주룽-광둥
철도를 폭격하던 시기였기 때문에 어쩔 수 없는 선택이
었다. 배를 타고 가는 이 여행은 3개월 반 동안 이어진,
예상보다 긴 '중국 방랑기'의 시작이 되었다. 일본군의
책략과 서양 저널리스트들을 멀리하려는 중국 정부 및
군무원들의 방해 공작이 맞물려서 일정이 지연되고 뱃
길 또한 우회할 수밖에 없었기 때문이다.

리궈이에서 최전선으로 나아가려는 시도는 창첸 장
군의 반대에 부딪혔다. 마찬가지로, 황산시에서는 유세
를 떨치던 신문기자 카오가 타이 호 근방의 전선에 접근
하려는 길을 가로막았고, 전투 중인 팔로군을 관찰하기

이에 도착했다.

상하이에서는 파이프 담배를 피우는 영국 대사 아치볼드 클락커 경과 칠레인 아내인 티타가 조계지 내 관저에 머물도록 초대했는데 오든과 아이셔우드는 이 초대를 받아들였다. 작가들은 일본인들이 이미 외부 경계선을 그어놓은 상하이를 '그 어느 곳보다도 비참하다'라고 평가했다. 그럼에도 오든과 아이셔우드는 온갖 전쟁의 트라우마를 다 겪은 터라 '사회적인 양심에서 잠시 벗어나 젊은 남성들이 에로틱하게 비누칠을 하고 몸을 어루만져주는' 목욕탕에서 오후의 휴식을 취하기로 결심했다.

6월 12일 이들은 엠프레스 오브 아시아Empress of Asia라는 캐네디언 퍼시픽 여객선을 타고 상하이를 떠나 항해를 시작했다. 이 배는 일본에서 항구 세 곳(고베, 도쿄, 요코하마)에 들렀는데 일본의 공격을 경험한 두 사람의 입장에서는 달갑지 않은 경로였다. 이후 작가들은 밴쿠버와 포탈(노스다코타), 시카고와 뉴욕을 거쳐 런던으로 가는 여행을 계속했다.

1938년 7월 17일 런던에 도착했을 무렵 오든은 이미 미국 이민을 결심했고 아이셔우드도 그 뒤를 따랐다. 그들의 여로는《전쟁으로의 여행》이란 책으로 결실을 맺었으나, 결과적으로는 아시아의 잔인한 현실을 목격한 둘을 일종의 도피로 이끈 셈이 되었다.

◀ 중국 황산시(당시의 툰치) 서셴

제인 오스틴, 워딩에서 바다 공기(그리고 해초)의 향기를 맛보다

Jane Austen, 1775~1817

영국은 명실공히 해양 국가이지만 영국인들이 여가를 누리기 위해 바닷가로 나가기까지는 놀라울 정도로 오랜 시간이 걸렸다. 17세기 후반 돌팔이 의사들이 통풍을 치료할 때 바닷물이 최고라고 떠벌리자, 부유한 환자들이 요크셔 주의 스카보로나 켄트의 마게이트처럼 특색 없는 어촌마을을 찾기 시작했던 것이다. '미치광이' 조지 3세는 건강을 위해 바닷가를 찾은 최초의 영국 왕이었다. 조지 3세는 1789년에 도싯의 웨이머스에서 해수욕을 했고, 그의 아들 조지(리젠트 공)의 후원 덕에 브라이렐름시의 퇴락한 서섹스 마을은 훌륭한 바닷가 온천 도시 브라이튼으로 다시 태어났다. 거의 같은 시기에 낭만주의는 대양大洋을 미적으로 '숭고한' 존재로 만들었고 바다를 우러러봐야 할 경이로운 대상으로 바꿔놓았다.

이 이례적인 현상을 모두 지켜본 작가가 있었으니 바로 제인 오스틴이었다. 1815년 그녀는 다소 능글맞게도 '리젠트 공 전하'에게 소설 《에마》를 바쳤을 뿐 아니라, 세상을 떠나기 몇 달 전에는 바닷가 광풍을 콕 집어 풍자한 《샌디턴》을 쓰기 시작했다. 더 이상 글을 쓸 수 없을 만큼 병세가 악화되면서 오스틴은 1817년 3월 18일 집필을 포기했지만(책은 1925년이 되어서야 출판되었다) 이 미완성 소설은 인생의 마지막까지도 그녀가 인간의 어리석음을 열정적으로 꿰뚫고 있었음을 보여준다. 작가가 위독한 환자라는 점을 감안한다면, 이 소설이 겨냥하는 주요 대상 중 하나가 건강염려증 환자들이라는 점은 매우 놀랍다. 오스틴은 터무니없는 바다 치료를 받으면서 즐거워하는 부유층 환자들을 특유의 예리한 시선으로 풍자했다.

여느 때와 같이 오스틴은 자신이 아는 것들에 관해 글을 썼다. 1800년 아버지의 예기치 않은 은퇴 이후 10여 년간 그녀는 부모님, 언니와 함께 여기저기 옮겨 다니며 살았다. 명목상으로는 서머싯 주의 바스라는 내륙 온천 도시에 터를 잡았지만, 오스틴 가는 데본 주의 떠오르는 바닷가 휴양지 시드머스와 돌리시, 테인마우스, 그리고 도싯 주의 찰마우스와 리지스 등에서 시간을 보냈고, 웨일스 주의 텐비와 바마우스에도 자주 갔다. 이 지역들과 풍광의 일부는 오스틴의 소설들에 녹아들었는데, 사후(1817년 말)에 출간된 《설득》의 배경인 라임 리지스도 그러했다. 그러나 오스틴이 《샌디턴》에 몰두했던 시기는 1805년 늦여름과 초가을로, 워딩이라는 서식스 주의 지방도시에 머물던 때였다.

워딩은 1798년 조지 3세의 막내딸 아멜리아 공주가 찾기 전까지만 해도 작디작은 어촌마을이었다. 바다를 사랑했던 역사학자 J.A.R. 핌롯이 '비참한 오두막 몇 채'로 이뤄진 마을이라고 표현했을 정도다. 몹시 민감한 신경 때문에 고통받았으며 짧은 생애 내내 병약했다고 전해지는 아멜리아 공주는 얼마 전 '무릎결핵' 진단을 받은 상황이었다. 공주의 주치의는 이미 시끌벅적

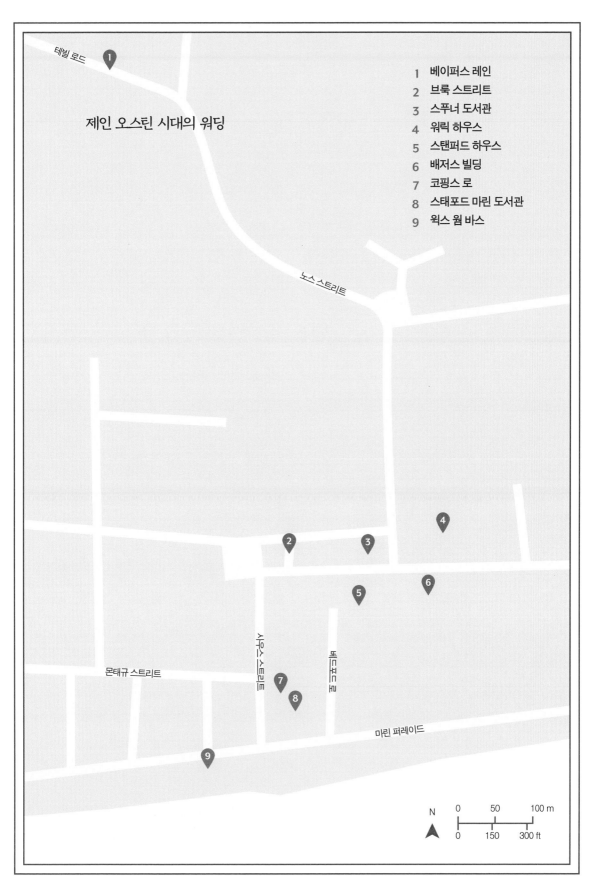

제인 오스틴 시대의 워딩

테빌 로드

노스 스트리트

1 베이퍼스 레인
2 브룩 스트리트
3 스푸너 도서관
4 워릭 하우스
5 스탠퍼드 하우스
6 배저스 빌딩
7 코핑스 로
8 스태포드 마린 도서관
9 웍스 웜 바스

몬태규 스트리트

사우스 스트리트

뜨쯔쯔 로

마린 퍼레이드

N

0   50   100 m

0   150   300 ft

해진 브라이튼 대신 한적한 워딩을 요양지로 추천했다.

7년 후 오스틴이 방문했을 때 워딩에서는 투기용 건축 붐이 일고 있었다. 그 사이에 베드포드 로, 코핑스 로, 브룩 스트리트, 비치 로와 허트퍼드 스트리트 등 다섯 개의 새로운 거리 겸 테라스식 주택가가 호화롭게 도시에 덧붙여졌다. 다섯 거리 중 마지막 두 거리는 오래전에 사라졌지만 다른 거리들은 아직도 어떤 형태로든 남아 있다. 그러나 워딩은 실질적으로 휴양지로서는 발전하지 못했고, 훗날 해안도로가 될 곳에는 고작 일곱 채의 건물이 드문드문 세워졌을 뿐이었다. 웨스트 그린스테드에서 워딩으로 통하는 유료도로가 1804년 완공되면서 이 도시로의 접근성은 좀 더 좋아졌다. 하지만 현지 역사학자 앤토니 에드워즈가 지적하듯, 1805년의 워딩은 몇 군데 가게 외엔 여전히 '시장도 교회도 없고, 극장이나 호텔도 없는' 곳이었다.

워딩의 바닷가 명소 중에는 여관 세 곳과 온천탕인 윅스 웜 바스가 있었다. 오스틴이 가장 자주 찾았던 곳은 윅스 웜 바스로, 오직 산책로를 통해 접근하는 수밖에 없었다. 해안선을 따라 랜싱으로 가는 새 길은 1807년이 되어서야 생겨서, 파도에 씻겨 사라진 바닷가의 옛 오솔길을 대체했다.

에드워즈는 이 도시가 배수로를 개선하기 전까지 늪지와 안개, 탁한 공기와 지독한 해초 비린내로 악명 높았다고 기록했다. 또한 워딩의 북쪽 끝에 동쪽에서 서쪽으로 이어지는 큰 길이 19세기에는 베이퍼스 레인 Vapours Lane(Vapours는 '유독가스'란 의미다 —옮긴이)으로 불렸다고 대놓고 강조했다. 오스틴은 자신의 소설에서 이 당혹스럽고 불쾌한 요소들을 신랄하게 언급했다. 그녀는 소설 속 이스트번이 워딩이라는 사실을 사람들이 알아채지 못하도록 샌디턴이라는 가상의 도시를 등장시켜 은근슬쩍 비틀었다. 그러면서도 이 문제들(고여서 썩은 늪지, 부패하기 시작한 해초더미 등)을 또 하나의 가상 휴양지인 브린쇼어에 떠 안겼다.

오스틴 시대에 워딩에서 가장 커다란 건물은 워릭 하우스였다. 1789년, 혹은 그보다 조금 일찍 지어졌다가 1896년 결국 철거된 이 건물은 제2대 워릭 백작이던 조지 그레빌의 주택으로, 1801년에 에드워드 오글이 사들였다. 오글은 워딩을 상류층을 위한 휴양지로 바꿔 놓으려는 발전계획을 홍보하던 부유한 런던 상인이었는데, 상당한 돈을 써서 바닷가에 있는 자신의 땅과 정원, 잔디밭을 다시 손보려 했다. 워릭 하우스는 다소 내륙 쪽에 자리해 있었는데, 동네 사람들이 배저스 빌딩이라고 부르는 오두막 세 채가 나란히 있는 것 외에는 바닷가까지 탁 트인 땅이 펼쳐져 있어서 방해받지 않고 바다의 풍광을 즐길 수 있었다. 하지만 이 집은 그 불쾌한 요소들에도 상당히 노출되어 있었다. 오글과 그의 저택은 《샌디턴》에서 절망적인 후원자 파커 씨와 그가 사는 트라팔가르 하우스로 상당히 윤색되어 등장한다.

오스틴은 1805년 9월 18일부터 적어도 1805년 11월 4일까지, 어쩌면 크리스마스까지도 계속 워딩에 머물렀기 때문에 같은 해 10월 25일 트라팔가르 해전에서 넬슨 제독이 승리를 거두었다는 소식을 들었을 가능성이 높다. 어쨌든 《샌디턴》에서 파커 씨는 형편없는 유행의 추종자로 묘사됐고, 워털루가 대대적으로 유행하는 시대에 자기네 집에 트라팔가르라는 이름을 붙인 것을 후회한다고 털어놓았다. 그리고 나폴레옹을 물리친 웰링턴을 기리며 새로운 초승달 모양 건물을 올려서 사태를 바로 잡으려 했다. 실제로 워딩의 숙박 시설 중 한 곳에서 책과 크게 다르지 않은 일이 벌어졌다. 1805년에 세워진 마린 코티지가 1816년에 증축되어 웰링턴이라는 이름으로 다시 문을 열었던 것이다.

오스틴은 훗날 워릭 스트리트가 된 곳에서 벗어나

WORTHING, FROM THE BEACH.

▲ 1849년 8월 25일자 〈일러스트레이티드 런던 뉴스〉, 바닷가에서 바라본 워딩

스탠퍼드 하우스에서 머물렀다. 하얀색 치장벽돌을 붙인 조지 왕조 풍의 주택인 스탠퍼드 하우스는 당시 탁트인 자리에서 바다 풍광이 보이는 축복을 받았다. 당시 이웃한 내륙마을인 브로드워터(소설에는 올드 샌디턴으로 등장했다)의 세인트 메리 성당과 워딩의 도서관들은 1805년 오스틴이 자주 찾던 장소였다. 이들 도서관에서는 색다른 물건과 장난감들을 파는가 하면, 점잖은 숙녀들을 위한 오락거리를 제공하는 저녁 모임이 열리기도 했다. 저녁 모임의 목적은 주로 복권 판매에 집중된 것으로 보인다. 파니의 일기에 나오듯, 9월 19일 밤에 오스틴은 아마도 스푸너 도서관에서 열렸을 복권 추첨에서 7실링을 따기도 했다.

우리가 아는 한 오스틴은 그 이후 다시는 워딩을 방문하지 않았다. 미완의 유고이기는 하나 《샌디턴》을 읽다 보면 대부분의 독자들은 이 소설가가 결코 워딩으로 돌아가고 싶지 않았으리라 추측하게 된다. 하지만 가장 세련된 해학은 애정에서 나오는 법이며, 그런 의미에서 한편으론 1805년 방문했던 더 순수하고 한적했던 온천 도시를 애도하며 소설을 썼을 것으로 생각된다. 그녀에게 몹시 익숙했던 그 휴양지는 1817년 무렵이면 이미 이전 모습을 알아볼 수 없을 만큼 변해버린 상태였다.

◀ 영국 워딩의
빅토리안 피어

제임스 볼드윈,
그해 가을
파리에 빠지다

James Baldwin, 1924~1987

제임스 볼드윈은 뉴욕 할렘가에서 태어났다. 어머니는 싱글맘이었으며, 아버지가 누구인지 결코 알려주지 않았다. 어머니가 포악한 침례교 목사와 결혼해 여덟 명의 아이를 더 낳는 동안, 볼드윈은 '나는 작가가 되지 않으면 죽을 거야.'라고 줄곧 생각했다. 흑인이 차별받던 시대였고, 동성애는 불법이었기 때문에 게이와 레즈비언은 안보상의 이유로 정부 부처나 군과 관련한 직업에서 축출됐다. 볼드윈은 야망을 달성하기 위해 미국을 떠나야만 했다. 실제로 《조반니의 방》을 저술한 이 작가는 주로 미국 바깥에서 글을 썼다. 1961~1971년에는 거의 튀르키예에 머물렀으며, 말년의 대부분은 남프랑스 생폴 드 방스라는 소도시에서 보냈다. 그중에서도 특히 1948년 미국을 떠나 파리로 향한 첫 외유는 그에게 가장 건설적인 시간이었다.

볼드윈은 자신이 특별히 고향을 떠나고 싶어 하지 않았다는 것을 종종 강조하곤 했다. 그가 떠나게 된 것은 절망적인 상황 때문이었다. 인종차별과 빈곤, 동성애 혐오가 자신을 몰아낸다고 느꼈고, 가까운 친구는 할렘강에 몸을 던져 자살했다. 그는 자신도 결국 비슷한 일을 저지를까 봐 두려웠다. 결정적으로 뉴저지 주 트렌턴에 있는 한 식당에서 피부 색깔 때문에 입장을 거부당한 일이 타격이 되었다.

볼드윈은 친구인 사진가 테어도어 펠라토스키와 함께 할렘 강가의 교회들을 기록하는 프로젝트를 활용하여 로젠월드 펠로십 프로그램의 장학금을 받았다. 그러나 결국 프로젝트는 제대로 시작도 하지 못하고, 남은 돈으로 편도 비행기표를 샀다. 1948년 1월 11일 그는 단돈 40달러를 가지고 더플백에 완성하지 못한 원고 뭉치와 책 몇 권, 그리고 옷가지를 쑤셔 넣은 채 뉴욕에서 파리로 날아갔다. 그는 크게 티를 내지 않고 서둘러 떠났으나(비행기를 타는 날 저녁이 되어서야 어머니와 형제들에게 자신의 계획을 알렸다), 그가 프랑스에 도착했다는 소식은 친구들을 통해 옛 할렘과 그리니치 빌리지에서 이주한 파리의 지인들에게 전해졌다. 그들은 파리에서 볼드윈과 만나기를 열렬히 바랐다.

그중에는 아사 뱅베니스트와 조지 솔로모스(필명은 테미스토클레스 호에티스였다)가 있었다. 둘은 갓 미국에서 날아와 새로운 문학잡지인 <제로>를 창간하려고 있었다. 볼드윈이 도착하던 날 뱅베니스트와 솔로모스는 레 두 마고Les Deux Magot에서 점심을 먹으며 프랑스 철학자 장 폴 사르트르와 미국계 흑인 소설가 리처드 라이트(한때 볼드윈의 멘토였다)에게 기고해 달라고 간청하고 있었다. 한창 잘 나가던 시기에 그곳은 헤밍웨이부터 보부아르까지 많은 이들이 자주 찾던 생 제르맹 데 프레의 카페였다. "에펠탑의 사나운 위력 앞에서 죽도록 박살이 날 거라 절대적으로 확신하며" 길을 떠났던 볼드윈은, 자신의 생각과 달리 앵발리드 기차역에서 뱅베니스트(둘은 처음 만난 사이였다)를 중심으로 작

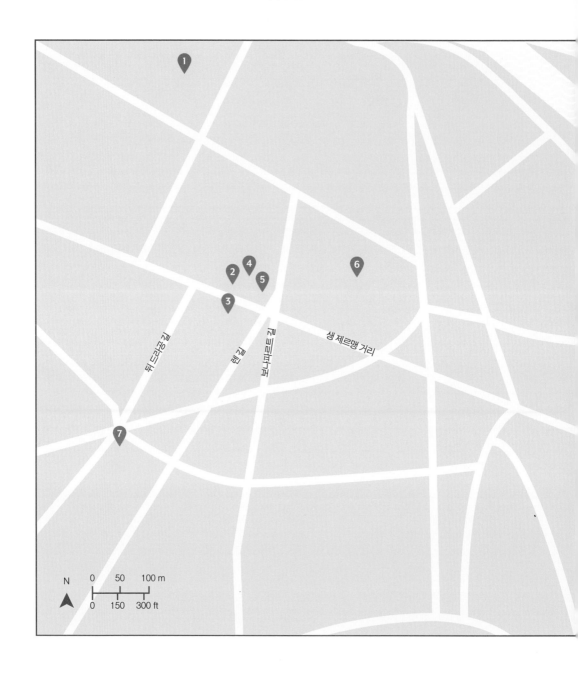

◀ 이전 페이지 : 파리의
　옥상들이 내려다보이는
　광경

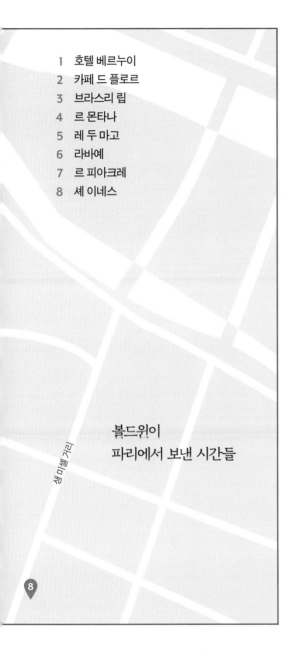

볼드윈이
파리에서 보낸 시간들

은 환영인파가 기다리고 있는 것을 발견했다. 그들과 함께 곧장 레 뒤 마고로 향했고, 거기서 솔로모스를 소개받고 라이트와 재회했다. 라이트는 자신의 옛 수제자가 생미셸 거리 호텔 드 롬의 저렴한 방에 묵을 수 있게 도왔다.

뉴욕에서 온 또 다른 옛 친구인 프리실라 브로턴 덕에 볼드윈은 근처 베르누이 거리에 있는 (낡은 것은 마찬가지지만) 좀 더 쾌활한 분위기의 숙소로 옮길 수 있었다. 호텔 베르누이는 어느 코르시카 출신 가족이 운영하고, 그들의 가장인 마담 뒤몽이 지휘하는 곳이었다. 마담 뒤몽은 합리적인 집세를 받으면서, 생활방식이 정통적이지 않은 손님들도 인내해주는 사람이었다. 그녀는 호텔 손님들을 초청해서 자주 파티를 열곤 했다. 1949년 1월 매서운 겨울 추위에 볼드윈이 앓아누웠을 때 마담 뒤몽이 정성껏 간호해 줬다는 일화는 그녀의 동정심 넘치는 성격을 그대로 드러내며, 볼드윈은 그 다정함을 결코 잊지 못했다.

브로턴을 통해 볼드윈은 베르누이에서 머무는 또 다른 손님 메리 킨을 소개받았다. 킨은 영국 노동조합 활동가로, 그녀의 방은 먹을 것도 머물 곳도 없는 인근 지역 외국인들을 위한 모임장소이자 간이식당으로 쓰이곤 했다. 이 모임 중에는 남자 같은 성격의 노르웨이 기자 기드스케 안데르센도 있었는데, 그녀는 오슬로의 사회주의 신문에 기고 중이었다. 둘은 매우 가까워졌고, 파리에 머무는 동안 서로 붙어 지냈다.

볼드윈이 프랑스에 온 것은 애초 글을 쓰기 위해서였다. 베르누이의 방은 난방이 되지 않았기 때문에 그는 부지런히 공책과 만년필을 들고 레 두 마고, 아니면 그보다 더 자주 생제르망 거리와 생브누아 거리가 만나는 모퉁이 카페 드 플로르의 2층으로 움직였다. 그는 온종일 커피를 홀짝이며 저녁까지 글을 끄적였다.

볼드윈이 낮 동안 자주 출몰하던 또 다른 장소는 브라스리 립으로, 카페 드 플로르 바로 건너편에 있었다. 이곳은 볼드윈이 첫 작품《모두의 저항소설》을 <제로>에 발표한 후 라이트와 언쟁을 벌인 곳이었다. 라이트는 이 기사를 자신의 시민권 운동 활동에 대한 공격으로 받아들였으며, 이 젊은 작가가 아프리카계 미국인 전체를 배신했다고 비난했다. 그러나 볼드윈은 혐의를 필사적으로 부인했다. 이 사건 이후 둘의 관계는 심각하게 악화되었다.

볼드윈과 친구들은 저녁이 되면 카페를 벗어나 술을 마시기 위해 근처 바나 나이트클럽으로 가곤 했다. 때로 그 모임은 한밤중까지 이어져서 르 피갈에 있는 프랑스계 알제리인의 식당에 들러 하시시를 피우기도 했으며, 레 알 지역의 시장 노동자들이 자주 가는 카페 중 한 곳에서 아침을 먹는 것으로 마무리되곤 했다. 볼드윈이 더 자주 들렀던 곳은 생브누아 거리의 바인 르 몬타나, 미국인 배우 고든 히스가 센 강 좌안의 자코브 거리에서 운영하는 클럽 라바예, 그리고 한때 할렘 르네상스 시인 랭스턴 휴스의 비서관으로 활동했던 시카고 출신의 아이네즈 캐버너가 만든 재즈클럽 겸 남부 흑인 음식을 파는 셰 이네스('아이네즈의 집'이란 의미 —옮긴이)였다. 무일푼의 볼드윈이 한때는 말 그대로 밥 한 끼를 얻어먹으려고 노래를 했던 곳이 바로 셰 이네스다. 그는 닭튀김 한 그릇을 얻어먹는 대가로 아이라 거슈윈의 '더 맨 아이 러브The Man I Love'를 열창하곤 했다.

그러나 남자친구를 찾을 때는 생제르맹 거리 남쪽의 라 렌느 블랑슈나 좀 더 고급스러운 르 피아크레로 향

했다. 르 피아크레는 볼드윈이 처음 파리에서 활동하던 시기에 운영되던 몇 안 되는 공개적인 게이 바였다. 그곳은 훗날《조반니의 방》에 등장하는 기욤의 바의 모델이 되었다. 그리고 렌느 블랑슈는 볼드윈이 '평생의 사랑'이라고 불렀던 스위스 화가인 루시앙 아페르베르제를 만난 곳이었다.

볼드윈은 기사와 수필을 기고했으나, 1930년대 펜테코스트파(성령의 힘을 강조하는 극단주의 기독교 —옮긴이) 목사 아버지 밑에서 자란 할렘의 한 소년이 등장하는 반자전적 소설은 여전히 마무리 짓지 못하고 있었다. 연인의 작업에 진전이 없음을 걱정한 아페르베르제는 볼드윈에게 스위스 로이커바트의 가족 별장에 가면 방해받지 않고 작업할 수 있을 것이라 제안했다. 그 덕분에 볼드윈은 1951년과 1952년에 걸친 3개월 남짓한 겨울 동안《산 위에서 고하라》를 완성했다. 미국의 한 출판업자가 관심을 보이고 배우 말론 브란도가 돈을 빌려준 덕에 잠시 미국에 돌아가기도 했으나, 대서양을 넘나드는 노마드 생활은 그 후에도 계속되었다.

▲ 1949년 파리 생제르맹 데 프레의 셰 이네스.
　아이네즈 캐버너가 자신의 클럽에서 노래를 하고 있다.
▶ 1948년 6월 파리 카페 드 플로르의 테라스

바쇼,
머나먼 북으로 향하는
좁은 길을 택하다

Basho(Matsuo Kinsaku), 1644~1694

시인들은 거의 기이할 정도로 방랑하는, 이동하는 생물체가 되는 경향이 있다. 그러나 '바쇼'라는 이름으로 더 널리 알려진 일본의 시인 마츠오 긴사쿠는 그 어떤 시인보다도 창작을 위해 발품을 팔았던 사람이다. 하이쿠계의 유명한 거장 중 하나인 바쇼는 이 짤막한 형태의 시를 적어도 천 편 이상 쓰고, 여러 편의 시선詩選을 엮어냈다. 그러나 여전히 가장 높이 평가받는 작품은 일본을 치열하게 돌아다니면서 방문한 장소들을 묘사한 일련의 기행문들이다. 이 기행문들은 간결한 묘사 글에 하이쿠가 결합되어 거의 초월적인 인상을 주는 하이분 형식으로 쓰였다. 이 시적 서사에서 단연 아름답고 유려하면서, 일본 고전 문학 중 가장 위대한 책으로 널리 인정받는 작품은 일본의 머나먼 북쪽 지역으로 떠난 그의 여정을 풀어낸 《오쿠노호소미치》奥の細道다. 영미권에서는 대개 '머나먼 북으로 향하는 좁은 길The Narrow Road to the Deep North'로 알려져 있다(한국에서는 《오쿠로 가는 작은 길(2008년, 바다출판사)》로 출간됐다 —옮긴이).

바쇼는 교토에서 약 48킬로미터 떨어진 이가 우에노에서 태어났다고 한다. 아버지 마츠오 요자에몬은 농사로 가족들을 먹여 살리는 사무라이였다. 열두 살의 나이에 아버지를 잃은 바쇼는 지역 영주의 젊은 친척

인 토도 요시타다의 시종으로 들어갔다. 지위는 달랐지만 두 소년은 돈독한 우정을 쌓았고, 함께 시를 공부하고 하이쿠를 쓰기 시작했다. 1666년 요시타다가 일찍 세상을 뜨면서 바쇼는 우에노를 떠나 교토로 향했다.

1672년 도쿄(당시의 에도)에 머무르던 바쇼는 이미 도시에서 가장 뛰어난 시인 가운데 하나로 명성을 얻어 수많은 신봉자와 추종자를 가진 상황이었다. 그럼에도 1683년 어머니가 돌아가셨다는 소식을 듣고 지리적으로나 창작적으로 새로운 길을 찾아 떠나게 됐다. 그해 8월에는 수도자처럼 고향으로의 순례를 떠났다. 바쇼는 아무런 짐도 지니지 않은 어느 고대 중국 승려의 전례에 따라 시종 역할을 맡았을 것으로 추정되는 젊은이인 치리만 동행한 채 어머니의 집에 도착했다. 한 달에 걸친 이 여행은 그가 최초로 쓴 시적 기행문인 《<노자라시>》野ざらし(들판에 버려진 해골)로 결실을 맺었다. 이 책은 그즈음 바쇼가 살아가는 삶의 방식이 된 도보여행과 함께 그의 원숙한 문체의 원형이 되었다. 이를테면 그는 '오이노코부미'笈の小文(여행 등짐에 담긴 짧은 글)에서 이렇게 썼다.

첫 겨울비가 내린다

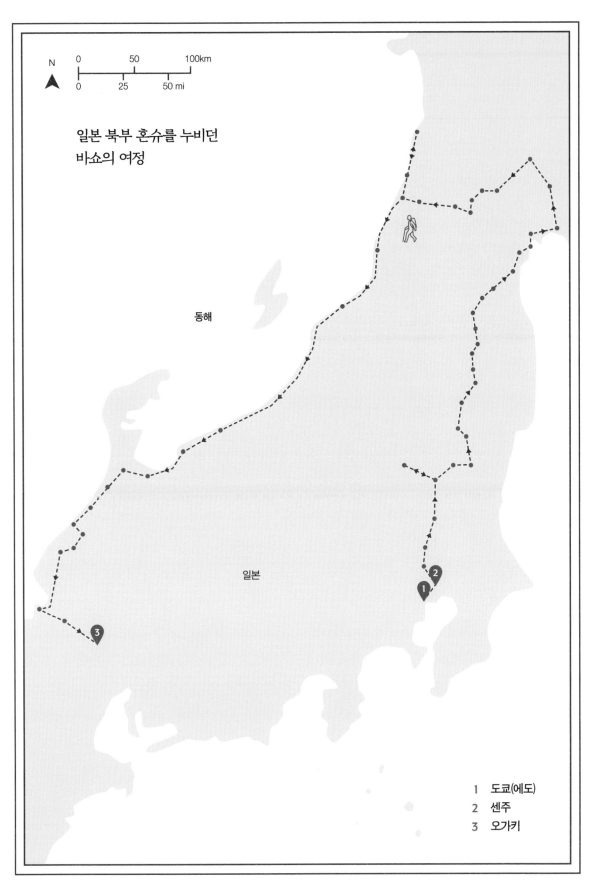

일본 북부 혼슈를 누비던
바쇼의 여정

N
0   50   100km
0   25   50 mi

동해

일본

1   도쿄(에도)
2   센주
3   오가키

나는 터벅터벅 걷네
내 이름은 바로 나그네

최초로 바쇼의 작품을 영어로 번역했던 노부유키 유아사에 따르면, "그가 살던 시대의 여행이란 몹시도 위태로운 상황에서 이루어지는 행위였다… 오직 즐거움이나 기분전환을 위해 길을 떠나려는 이는 거의 없었다."실제로 바쇼는《오쿠로 가는 작은 길》서문에서 자기 앞에 놓인 잠재적인 위험에 관해 썼다.

겐로쿠 2년인 올해 나는 머나먼 북쪽 지역으로 긴 도보여행을 떠나기로 결심했다. 그 고된 여정으로 인해 내 머리는 눈처럼 하얗게 세겠지만, 그동안 듣기만 했던 장소들을 내 눈으로 똑똑이 보게 될 것이다. 나는 내가 살아 돌아올 수 있을지조차 확신할 수 없다.

이번이 마지막 여행이 될지 모른다고 바쇼가 굳게 믿었다는 것은 1689년 5월 16일 출발하기에 앞서 집을 팔기로 결정한 데서 드러난다. 그는 당시 마흔다섯 살이었으며 건강이 좋지 않은 상태였다. 바쇼는 신화적이고 '용이 살 것 같은 미지의' 땅인 시라카와 관문을 넘어 세련된 도쿄 사회와 길들여지지 않은 북부 오지가 교차하는 곳으로 모험을 떠났다. 이러한 그의 선택은 몇몇 제자들에게는 거의 자살을 결단하는 듯한 충격을 안겼다.

벚꽃이 흐드러질 무렵 일부 추종자들이 도쿄에서 센주까지 스미다 강을 따라 거슬러 올라가는 짧은 배 여행에 동행했고, 바쇼와 친구 카와이 소라는 북으로 향하는 주요 도로 중 하나인 오슈카이도奧州街道로 향했다. 두 사람은 6주 동안 해안평야를 가로질러 오슈의 외딴 시골까지 갔다. 바쇼에 따르면 이들은 내륙을 돌아서 깊은 숲 속 "한 마리 새의 울음소리도 들을 수 없고 나무 아래는 몹시도 어두워서 마치 한밤중에 걷는 것 같은" 지방에 접어들었다. 북쪽 산맥 깊숙이 여행하는 동안 그들은 신화에 가까운 은둔 사제회인 야마부시와 일주일을 함께 보내기도 했다. 야마부시들은 바쇼가 간절히 바라던 고요와 고독보다도 더욱 깊은 은둔을 추구했던 것으로 알려져 있다.

이 목가적인 체류 이후에는 바쇼와 소라의 여행에서 가장 고된 일이 이어졌는데, 바로 일본 서해안의 호쿠리쿠도 도로를 따라 오가키 시로 걸어서 돌아가는 최후의 여정이었다. 둘은 1689년 10월 18일 오가키 시에 도착했다.《오쿠로 가는 작은 길》은 이 시점에서 이야기를 마무리 짓는다. 그러나 이 시인은 2년이라는 세월이 더 흐른 후에야 도쿄로 되돌아갔고, 그 후로도 계속 방랑하며 교토와 그 외 다른 지역에서 친구와 제자들을 찾고 환대받았다.

북으로 향하는 이 느릿한 걸음걸음을 마침내 종이 위에 옮기면서 바쇼는 다시 한번 애타게 여행을 떠나고 싶은 심정을 느꼈고, 이번에는 일본의 남쪽으로 시선을 돌렸다. 그는 봄의 도쿄를 떠나 가을의 오사카에 도착했다. 그리고 오사카에서 이질에 걸려 고통받다가 나흘 후인 1694년 10월 12일에 세상을 떠났다. 바쇼의 마지막 작품 중에는 '병상에 누워'라는 시도 있는데, 이 시에서 그는 "길의 반밖에 오지 못했는데 병마에 발목 잡혔다."고 안타까워한다. 그의 방랑벽은 최후의 순간까지도 사그라지지 않았던 것이다.

▶ 일본 도호쿠의 마쓰시마 만

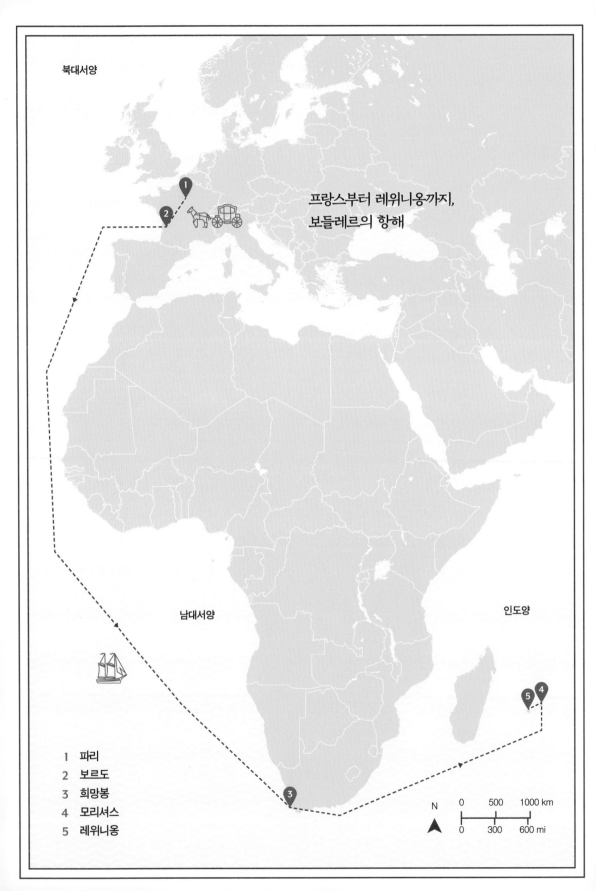

북대서양

프랑스부터 레위니옹까지,
보들레르의 항해

남대서양

인도양

1 파리
2 보르도
3 희망봉
4 모리셔스
5 레위니옹

N

| 0 | 500 | 1000 km |
| 0 | 300 | 600 mi |

샤를 보들레르,
인도에
닿지 못하다

Charles Baudelaire, 1821~1867

보들레르는 가장 명성이 높았던 루이 르 그랑 고등학교에서 의욕 없이 공부하다가 그만두었고, 2년 후에도 여전히 방탕하게 살고 있었다. 보들레르의 가족은 그를 단정하고 올바른 생활로 이끌어가기 위한 계획을 세웠다. 물론 미래의 그는 19세기 가장 위대하고 영향력 있는 프랑스 시인 중 하나이자 현대적인 문학사상과 취향을 빚어낸 수필가로 이름을 떨칠 운명이었다. 그러니 1041년 그는 이제 막 문호의 빛을 보이는 애송이에 지나지 않았고, 2천 프랑이 넘는 빚을 지고 있었는 데다 매춘부와 열렬한 사랑에 빠져 있었다. 그의 어머니는 훗날 이를 두고 "보들레르는 최악의 보헤미안들과 어울렸다. 파리에서 신비로운 악의 소굴에 관한 호기심을 충족하고 싶은 욕망 때문에 그들에게 끌렸던 것이다."라고 언급했다.

파리 외곽의 뇌이에서 공증인이 배석한 상태로 가족회의가 열렸다. 보들레르의 의붓아버지인 오픽 대령과 어머니, 남동생은 불건전한 친구들의 유혹에서 떼어내기 위해 이 방탕한 젊은이를 인도로 보내기로 결정했다. 전해지는 이야기에 따르면 의붓아버지로부터 다가올 운명을 전해 들은 보들레르는 그를 목 졸라 죽이고 싶은 충동을 느꼈다고 한다. 하지만 최근 전기작가들

은 이 이야기에 의문을 제기하며, 보들레르가 딱히 신이 나지 않았더라도 적어도 동양으로 여행을 떠날 기회를 반겼으리라 여긴다. 시인은 동양의 이국적인 정서에 오랫동안 낭만적인 매력을 느껴왔기 때문이다.

인도에 가기 위해서는 대양을 건너는 기나긴 항해를 거쳐야만 했다. 이 사실은 그를 독일이나 벨기에의 따분한 지역으로 보내버리는 대신 대안적인 목적지를 선택하는 데 결정적인 역할을 했다. 오픽은 보들레르의 어머니와 같은 고아 출신으로, 네 살 무렵 프랑스 북부 해안에 있는 그라블린의 채널 항구에서 치안판사이자 항만관리소장 역할을 하던 가정에 입양되었다. 군인으로서 프랑스-스페인 전쟁에서 눈부신 활약을 하면서도 어린 시절 품었던 배와 바다에 대한 깊은 사랑을 간직하고 있었고, 배에서 보내는 시간이 의붓아들에게 도움이 될 것이라고 진심으로 믿었다.

그러나 그에 앞서 보들레르는 파리에서 보르도까지 5일이나 이동하고 나서야 메르 뒤 수드 호에 탑승할 수 있었다. 메르 뒤 수드 호는 1841년 6월 9일 보르도에서 출항하여 지롱드 강을 따라 북대서양을 횡단하면서 인도로 향하는 여정을 시작했다. 최종 목적지는 콜카타(훗날 캘커타)였다. 보들레르는 선박의 지휘관인 살리즈

선장에게 맡겨졌다. 선장은 오픽으로부터 돈을 받아 보들레르를 보살피는 한편, 인도에 도착하기도 전에 그가 뱃삯을 낭비하지 않도록 엄격히 통제했다. 보들레르는 처음엔 설레어하며 갑판을 성큼성큼 거닐었지만, 상인과 군인들로 가득 찬 배에서 날씨에 대한 대화만 나누다 보니 이내 심드렁해졌다.

이 작은 배에서의 오랜 항해는 밀실 공포증을 불러일으켰고, 불편했으며, 상당히 단조로웠다. 그가 지루함에 압도될 무렵 배는 남아프리카 케이프 반도가 대서양과 맞닿아 있는 희망봉 근처에서 태풍을 만나고 말았다. 거의 난파될 뻔한 상황에서 선박은 큰 손상을 입었고, 수리를 위해 2주 동안 모리셔스에 정박했다. 이로 인해 보들레르는 인도양의 국제적인 섬을 탐험할 기회를 얻었다. 이곳에서 그는 프랑스 출신 이주민들과 친

분을 쌓았는데, 그 가운데는 법무관 오타르 드 브라가르와 그의 아름다운 아내, 어린 딸도 있었다. 사후에 마담 드 브라가르는 보들레르의 가장 유명한 시집《악의 꽃》에 실린 소네트 '식민지 태생의 한 백인 부인에게'에 영감을 준 인물로 명성을 얻게 된다.

배가 떠날 시간이 다가오자 보들레르는 살리즈 선장에게 인도로 가는 계획을 전체적으로 검토했다며, 더는 여행을 계속하지 않겠다고 말했다. 살리즈 선장은 그래도 배로 하루 거리인 레위니옹(당시의 부르봉 섬)까지는 가야 한다고 설득했고, 그곳에서 약속대로 생드니(당시 레위니옹의 수도)에 정박해 있던 화물선에 그가 오를 수 있도록 준비해 주었다. 그러나 화물선은 수리 중이었고, 9월 9일 레위니옹에 도착한 보들레르는 11월 4일까지 배가 출발하기를 기다려야만 했다.

집으로 향하는 항해는 아주 조금 더 흥미로웠지만 그리 편하지는 않았다. 메르 뒤 수드 호보다 훨씬 더 작은 배는 케이프타운에서 이틀가량 머물렀고, 보들레르는 도시를 둘러보았다. 식민지풍 건축물들에 관심을 가지는 한편, 양 농장의 숫자와 그로부터 풍기는 털북숭이들의 냄새를 다소 경멸적으로 언급했다.

배는 아프리카 서해안을 따라 올라갔고, 기니 만을 건너 북대서양으로 나아갔으며, 1842년 2월 둘째 주에 마침내 보르도에 상륙했다. 집으로 돌아온 지 두 달이 지나자 보들레르는 성인이 됐고, (돈이 있는 한) 즐기고 싶은 내로 살 수 있는 금전적인 사유를 누릴 수 있었다. 한편 그의 부모님 입장에서는 불행하게도, 이 항해는 아들이 방탕한 생활에 빠지는 것을 결코 막지 못했다. 바다에서의 경험은 다시 배 위에 발을 올리고 싶은 그

의 욕망을 모두 앗아갔지만, 그럼에도 보들레르의 작품활동 내내 소재를 제공했다. 특히나 돌아오는 길은 위대한 모험으로 탈바꿈됐는데, 다만 시인은 그 모험을 되풀이할 필요를 느끼지 않았을 뿐이었다. 어쨌든 파리에서는 환락가와 사악한 문학 살롱들이 지척에 있었으니 말이다.

▼ 레위니옹의 생 드니 부두, 1862년 에브르몽드 드 베라르 그림

▶ 다음 페이지 : 모리셔스의 르 몬 브라반트

엘리자베스 비숍,
브라질에서
충격을 받다

Elizabeth Bishop, 1911~1979

1951년 가을, 미국 시인 엘리자베스 비숍은 인생의 갈림길에 섰다. 그녀는 불안감과 우울증으로 괴로워하던 알코올중독자였다. 따라서 정신분석을 통해 중독증과 정신건강 문제를 해결할 수 있길 바랐지만, 1946년 플로리다 주 키웨스트의 집을 처분한 뒤 거처도 없이 살며 꽤나 불안정한 삶을 영위하고 있었다. 그러나 펜실베이니아 주 브린모어 대학이 주는 루시 마틴 도넬리 연구장학금의 첫 수혜자가 된 덕에, 비숍은 북미로부터 어느 정도 거리를 둘 기회를 얻었다. 비숍은 브라질의 리우 데 자네이루, 아르헨티나의 부에노스 아이레스와 몬테비데오, 그리고 칠레의 푼타 아레나스를 거쳐 페루와 에콰도르까지 이동하는 장기적인 여행계획을 야심 차게 세웠다.

1951년 10월 26일 비숍은 노르웨이 상선인 MS 바우플레이트 호를 타고 떠나기로 되어 있었지만, 부두 파업으로 인해 11월 10일이 되어서야 출발할 수 있었다. 이는 여행 전체를 예고하는 일종의 서막이 되었다. 브라질의 (어떤 면에서는 끔찍하고 어떤 면에서는 근사한) 상황에 의해 여행은 지연되었고 그녀는 이후 17년의 대부분을 브라질에서 머물게 됐다.

브라질 산토스로 출항하는 바우플레이트 호에는 지프와 콤바인 등 대형화물이 실렸고 승객은 비숍을 포함해 고작 아홉 명뿐이었다. 함께 배를 탄 승객 중에 이 시인에게 관심을 가진 사람은 전직 경찰관이자 은퇴한 여자 형무소장인 미스 브린뿐이었다. 훗날 비숍이 친구들에게 보낸 편지에 썼듯, 미스 브린은 키가 175센티미터에 달하고 '커다랗고 푸른 눈과 옅은 남빛으로 굽이치는 머리카락을 가진' 눈에 띄게 아름다운 여성이었다. 그녀는 폭력적인 범죄에 관한 이야기를 끊임없이 들려주며 대서양을 건너는 느릿느릿한 항해가 계속되는 동안 비숍과 함께 즐거운 동행을 했다. 임시 화물선이던 바우플레이트 호는 커나드 여객선과 비교해 거의 절반의 속도로 움직였다.

두 여성은 산토스에 내렸고, 브린은 비숍의 오랜 친구 두 명을 만났다. 친구들은 내륙으로 80킬로미터 정도 더 들어가야 하는 상파울루까지 비숍을 태워다 주기로 약속했었다. 비숍과 브라질의 첫 만남은 이 나라에서 첫 번째로 쓴 시 '산토스에 내리다'에 기록되었다. 나중에 이 시는 <뉴요커>지에 발표됐고 퓰리처 상을 받은 시집 《남과 북 – 차가운 봄》에 실렸다. 이 시집에는 브라질 도착 초창기에 쓴 또 다른 작품 '산'과 '샴푸'도 실려있다. '샴푸'는 친구의 머리카락을 양철통에서 감겨주는 다정한 행위를 묘사한 시였는데 <뉴요커>지와 비숍이 주요 기고자로 활동하고 있던 <포에트리>Poetry지 모두 게재를 거부했다. 그 친구의 성별이 드러나진 않으나, 사실 그 시는 비숍의 새로운 브라질 애인이자 부유한 사교계 명사이며 부동산 개발업자였던 로타 데 마세두 소아레스에게 비밀리에 바치는 헌사였다. 비숍의

전기작가인 토머스 트라비사노를 비롯해 여러 사람들은 이 잡지들이 작품 근저에 깔린 동성애를 불편해했을 가능성이 높다고 추측한다.

소아레스는 1942년 뉴욕을 방문했을 때 비숍을 만났고, 그 후 줄곧 시인의 작품을 지지하는 한편 브라질에서 예술 및 귀족 모임의 거물로 활동했다. 그녀는 비숍이 여행에 앞서 리우 데 자네이루에서 만나기로 약속했던 몇 안 되는 사람 가운데 하나였다. 또 다른 한 명은 미국 언론인이자 작가, 비평가, 그리고 한때 딜런 토머스의 연인이었던 펄 카진이었다. 그 무렵 카진은 사진작가인 남편 빅터 크래프트와 함께 브라질로 이주한 참이었다. 비숍은 1951년 11월 30일 리우 데 자네이루에 도착했는데, 상파울루에서 열차를 타고 도착한 그녀를 카진과 메리 모스가 역에서 맞이했다. 보스턴 출신의 메리 모스는 소아레스의 동업자이자 옛 연인이기도 했다.

시인은 곧 리우 데 자네이루의 부촌인 레메 지역 안토니오 비에라 5번가에 있는 소아레스의 궁궐 같은 펜트하우스 아파트에 짐을 풀었다. 하녀가 시중을 들고, 11층 발코니에서는 도시와 코파카바나 해변의 아름다운 풍광이 내려다보이는 곳이었다. 소아레스는 손님을 심심하게 내버려 두지 않았다. 이틀 동안 브라질의 수도를 직접 안내했으며, (수도의 서쪽에 자리한) 세하 두스 오르가우스 산 근처에서 브라질 모더니즘 건축가 세르지우 베르나르지스와 함께 짓고 있던 여름 별장에 초대하기도 했다. 당시 이 집은 고대 황제의 도시 페트로폴리스 바로 너머에 있는 사맘바이아에서 한창 공사 중이었는데, 여기까지 오기 위해서는 소아레스의 랜드로버에 몸을 싣고 매우 가파르게 변하는 길을 90분 동안 달려야 했다.

비숍의 할아버지와 아버지 모두 건축업에 몸담았었

1 오루 프레투
2 사맘바이아
3 페트로폴리스
4 리우 데 자네이루
5 상파울루
6 산토스

5

6

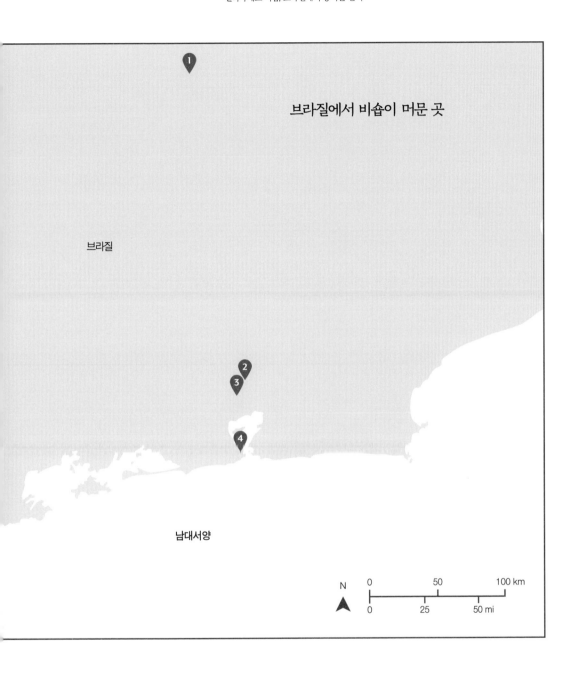

브라질에서 비숍이 머문 곳

브라질

남대서양

N

0   50   100 km

0   25   50 mi

◀ 이전 페이지 : 브라질
세하 두스 오르가우스
국립공원

던 만큼, 소아레스가 이 아름다운 지역에 쏟는 노력이 비숍에게 어떤 감동을 주었음에 틀림없다. 그럼에도 비숍은 다른 곳으로 여행을 이어가려는 의욕에 불타다가 그만 캐슈너트 나무 열매를 먹고 끔찍한 알레르기로 고생하게 됐다. 그로 인해 페트로폴리스의 병원에 입원했다가 사맘바이아에서 요양하게 되면서 티에라 델 푸에고로 가려고 계획했던 연결편을 놓치고 말았다. 그러는 동안 소아레스는 비숍을 돌봐주며 브라질에서 자신과 함께 머물기를 제안했다. 시인은 이를 받아들였고, 두 여성의 로맨스는 산속 풍경 가운데서 꽃을 피웠다. 부유했던 소아레스는 사맘바이아의 본채 옆에 작가가 일할 수 있는 스튜디오를 지어주겠다고 약속했다.

브라질로 이주하겠다는 결정을 믿지 않는 미국의 동료 문인들에게 비숍은 딱 잘라서 이렇게 설명했다. "내가 사랑하는 사람이 여기에 있으니, 여기에 머무는 거

야." 하지만 소아레스와 비숍의 연애가 항상 순조로운 것은 아니었다. 비숍은 새로운 천식약을 복용한 후 술을 진탕 마셔 입원하게 되었고, 소아레스는 리우 데 자네이루의 쓰레기 폐기장을 공공 공원(플라멩고 파크)으로 바꿔야 하는 골치 아픈 정부 업무를 맡았다. 이러한 일들은 두 사람 사이를 점점 멀어지게 만들었다. 1964년 군사 쿠데타 이후 브라질의 정치 상황이 악화되면서 둘의 관계는 더욱 소원해지게 되었다.

브라질에 있는 동안 비숍은 포르투갈어를 배웠고, 브라질의 산문과 운문을 영어로 바꾸는 뛰어난 번역가가 되었다. 비록 남들 앞에서 포르투갈어로 말하는 것은 불편해했지만 말이다. 비숍은 1890년대 디아만티나 시에서 자란 가난한 소녀의 이야기를 다룬 앨리스 브란트의 인기 소설 《미냐 비다 데 미니나》(어린 소녀로서의 내 삶)를 읽은 뒤 그 책을 번역해야겠고 결심했고,

1957년 《헬레나 몰리의 일기》라는 이름으로 출간했다. 그리고 이를 통해 캐나다 노바스코샤 주에서 지낸 자신의 성장기를 글로 쓸 영감을 얻었다.

비숍은 《생활 세계 총서》에 실릴 브라질과 그 역사에 대한 논문을 쓰기로 하고, 브라질 동부의 세하 두 에스피냐수 산맥에 있는 작은 도시 오루프레투에 이 나라에서의 두 번째 집을 구입했다. 비숍이 1967년 9월 소아레스의 죽음이라는 충격적인 사건을 겪고 돌아온 곳도 이곳이었다. 그녀의 연인은 비숍의 뉴욕 아파트에 도착한 직후, 진정제인 넴뷰탈을 과다복용하고 말았던 것이다. 비숍은 남은 삶 동안 브라질을 계속 방문하려고 했으나, 1968년 이후 브라질은 더 이상 그녀의 집이 아니게 되었다. 그럼에도 비숍의 작품에서 브라질이 지니는 중요성은 헤아릴 수 없을 정도다. 1965년부터 쓴 작품들을 묶은 시집 《여행에 관한 질문들》은 한 작가의 본성, 그리고 장소와 맺은 인연을 탐구하는 기념비적인 작품이었다.

◀ 브라질 사맘바이아의 로타 데 마세두 소아레스의 집
▲ 브라질 오루 프레투

하인리히 뵐,
에메랄드빛 섬에
매혹되다

Heinrich Böll, 1917~1985

하인리히 뵐은 독일 쾰른의 자유분방한 가톨릭 가정에서 태어났다. 그는 제2차 세계대전이 남기고 간 상흔을 찾아다니며, 비교적 가까운 과거에 조국에서 벌어진 사건들을 거침없이 조사했다. 그는 평화주의자이며 나치에 반대했지만, 1939년 독일 국방군에 징집되고 말았다. 그리고 언젠가 신랄하게 언급했듯 "군인이면서 전쟁에서 지길 소망해야만 하는 끔찍한 운명"으로 인해 고통받았다. 러시아와 프랑스 전선으로 보내진 그는 네 차례나 부상을 입었고, 탈영했다 붙잡혀서 미군 포로 수용소에 수감됐다. 전쟁이 끝난 뒤, 뵐은 쾰른 대학교에 입학했지만 소설 쓰기에 집중하기 위해 자퇴했다. 1947년 첫 작품을 출간한 이래, 초창기 소설들은 모두 그의 참전 경험을 면밀히 그려낸 것이었다. 그중에서도 2년 후 발표한 데뷔작 《열차는 정확했다》는 놀라울 정도로 간결한 작품으로, 군 생활의 반영웅적인 서사를 단호하게 제시했다. 일부 독일 언론은 그의 글을 '잡석 같은 문학Trümmerliteratur'이라고 폄하하며 혹평했지만, 뵐은 1972년 노벨 문학상을 받았다.

1954년 짧은 영국 여행을 마친 그는 리버풀에서 더블린으로 가는 증기선에 올랐다. 자신이 '유럽에서 유일하게 정복하러 나선 적 없는 민족'과 어울리고 있음을 깨달은 순간부터 그는 즐거워졌다. 더블린에서 웨스트포트, 그리고 마요에 이르기까지 열차와 버스를 타고 아일랜드를 횡단하면서 뵐은 일하고, 쉬고, 노는 아일랜드인들을 관찰했다. 그리고 아일랜드인들이 들이키는 어마어마한 양의 차("작은 수영장을 채우고도 남을 정도의 차가 매년 모든 아일랜드인의 목구멍으로 콸콸 넘어갔다.")와 시간을 지키는 것에 대해 참신할 정도로 느긋한 태도("아일랜드인이 말하길, 신이 시간을 만들 때 아주 많이 만드셨다고 한다.")에 주목했다. 특히 후자와 관련해 뵐은 아일랜드 북서해안의 아킬 섬 킬Keel 마을의 영화관에서 상영 시작 시간과 관계없이 사제들이 도착하고 나서야 영화가 상영되는 것을 기록했다. 또한 역경을 그럴듯하게 포장해 내는 아일랜드인들의 의지에 감탄하기도 했다.

독일에서는 어떤 일이 벌어진다면, 가령 열차를 놓치거나 다리가 부러지거나 파산하거나 한다면 이렇게 말한다. "정말 최악이었어." 무슨 일이 벌어지든 언제나 최악의 상황이다. 아일랜드인의 경우에는 정반대다. 다리가 부러지고, 열차를 놓치고, 빈털터리가 되어도 아일랜드인들은 이렇게 말한다. "더 나쁜 상황이었을 수도 있어." 다리 대신 목이 부러졌을 수도 있고, 열차 대신 천국을 놓칠 수도 있었으니까.

뵐은 그 후 두어 번의 여름에 아일랜드로 돌아왔고, 1958년 아킬 섬에 집을 샀으며, 1973년까지 매년 방문했다.

제2차 세계대전 동안 중립을 지킨 덕에 아일랜드의 크고 작은 도시들은 폭격을 피할 수 있었다. 하지만 빈곤과 실직으로 인해 대다수 젊은 세대들은 1950년대와 1960년대에 완전히 버림받은 시골 마을을 떠나 이민을 갈 수밖에 없었고, 뵐은 이를 《아일랜드 일기》에 기록했다. 이 인상적인 작품은 독일의 유명 조간신문인 <프랑크푸르터 알게마이네 차이퉁>에 아일랜드에 관한 기사를 연재하면서 시작됐다. 1957년 독일에서 출간된 《아일랜드 일기》은 그의 조국에 아일랜드 여행 붐을 일으켰다. 아일랜드의 작가 핀탄 오툴이 언급했듯, "집단이민이 위험수위에 다다렸을 때" 뵐은 아일랜드를 "탈출해야 할 장소에서 탈출하러 가고 싶은 장소"로 재탄생시켰다. 적어도 서독인들에게는 그랬다.

뵐은 이 발전을 온전히 반기지 않았다. 아일랜드 자체의 변화 속도가 마음에 들지 않았을뿐더러 신문에서 수녀들이 사라지고 '피임약'이 등장하게 됐다는 점을 특히나 걱정했다. 하지만 그는 아일랜드의 상황 자체는 개선되었다고 항상 인정하곤 했다.

1973년 이후 그는 휴가 때 아일랜드를 더 이상 방문하지 않았으며, 10년이 지난 후에야 아킬로 돌아왔다. 1985년 세상을 떠나기 고작 2년 전이었다. 한때 수많은 아일랜드인들이 미국에서의 새 삶을 찾아 건너갔던 대서양 근처, 토탄土炭 습지로 둘러싸인 뵐의 옛집은 한 작가의 은둔처로써 보존되어 있다.

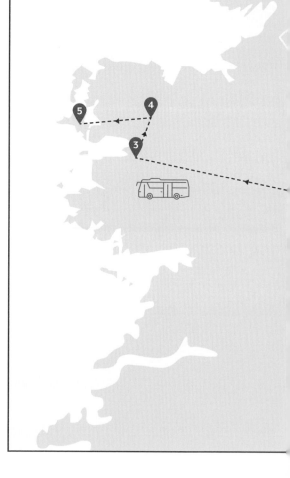

1 리버풀
2 더블린
3 웨스트포트
4 마요
5 아킬

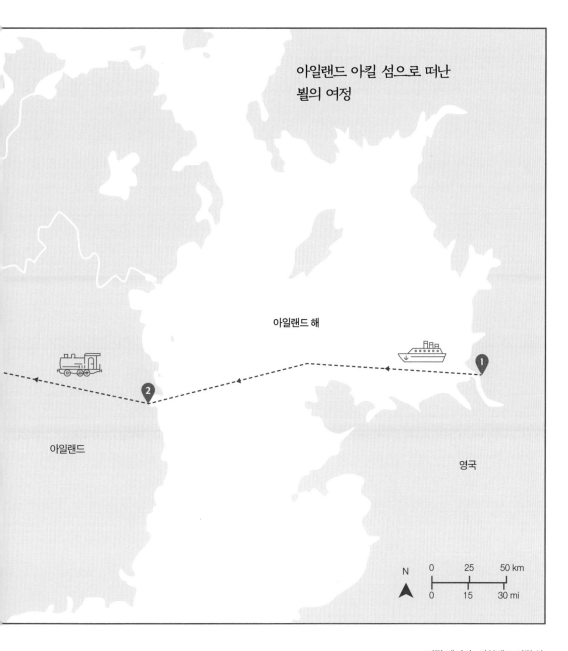

아일랜드 아킬 섬으로 떠난
뷀의 여정

아일랜드 해

아일랜드

영국

N

◀ 이전 페이지 : 아일랜드 아킬 섬

루이스 캐롤,
러시아에서 또 하나의
이상한 나라를 발견하다

Lewis Carroll(Charles Lutwidge Dodgson), 1832~1898

수학자이자 교수, 그리고 작가인 찰스 러트위지 도지슨은 루이스 캐롤이란 필명으로 더 유명하다. 그는 매우 종교적인 사람으로서 영국 성공회 신앙개혁 운동에 관여했다. 영국 성공회 교구 주임사제의 아들이었으며 그 자신도 성직자가 될 운명이었던 캐롤은 1861년 부제(천주교의 성직자 품계 —옮긴이)로 임명되었다. 그러나 교구 일은 체질적으로 맞지 않았고, 학자의 길을 택하면서 옥스퍼드 크라이스트 처치에서 수학을 가르치는 교수가 되었다. 캐롤과 도지슨이 동일인물이라는 것을 처음 알게 된 학부생들은 그 무미건조하고 까칠한 지도교수가 《이상한 나라의 앨리스》같이 재미있는 이야기를 썼다는 사실을 좀처럼 믿지 못했다고 한다.

1867년 7월 4일 앨리스 리델이 《이상한 나라의 앨리스》의 첫 증정본을 받게 된 지 2년이 흐른 후, 캐롤과 그의 친구이면서 옥스퍼드 동료 교수인 신학자 헨리 리든은 여름방학 동안 함께 러시아에 가기로 의기투합했다. 이 여행의 목적은 동방정교회와 가교를 놓는다는, 반쯤은 공식적인 임무에 있었다.

둘은 7월 13일 배를 타고 도버에서 칼레로 움직였고, 브뤼셀과 쾰른, 베를린(이곳에서 가장 멋들어진 유대교 회당을 방문했다), 그단스크(단치히), 칼리닌그라드(쾨니히스베르크)를 거쳐 7월 27일 열차로 상트페테르부르크에 도착했다. 캐롤은 러시아제국의 수도가 경이로움과 진기함으로 가득 차 있음을 깨달았다. 영국 학자들은 며칠 동안 도시와 그 주변을 탐험했다. 특히나 캐롤은 광활한 거리에 마음을 빼앗겼는데, 이곳은 "현지인들의 지껄임과 생기, 파란색으로 칠하고 금색 별을 박은 돔 지붕의 거대한 교회, 해군성 근처에 세워진 말을 탄 표트르 대제의 섬세한 조각상"으로 가득 찬 곳이었다. 또한 조수의 차가 크지 않은 핀란드만을 따라 증기선을 타고 32킬로미터를 항해해 페테르고프 황궁과 정원을 방문하기도 했다. 상트페테르부르크의 궁전들을 보며 수학자는 독일 포츠담에 있는 프리드리히 대왕의 상수시Sanssouci 정원이 무색할 정도라고 생각했다.

그러나 두 학자의 생각을 다시 바꿔놓은 곳은 8월 2일 열차를 타고 도착한 그다음 목적지인 모스크바였다. 캐롤은 모스크바에서의 첫날을 묘사하면서 이 도시가 "어질어질한 소용돌이"라고 한 마디로 압축했고, 정상적인 원근법을 뒤틀어놓는다며 이렇게 썼다.

우리는 대여섯 시간에 걸쳐 이 경이로운 도시를 거닐었다. 하얀 집과 초록 지붕들의 도시이자, 원뿔 모

러시아를 오간 캐롤의 여정

발트 해

북해

영국

폴란드

벨기에

독일

프랑스

N
0   150   300 km
0   100   200 mi

◀ 이전 페이지 : 모스크바의 성 바실리 대성당

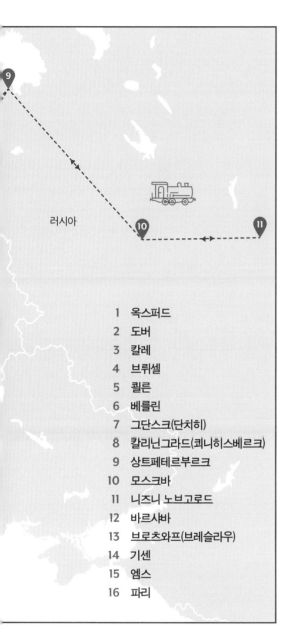

양의 탑이 마치 접어놓은 망원경처럼 또 다른 탑에서 불쑥 솟은 도시, 그리고 금박 입힌 불룩한 돔을 들여다보면 거울처럼 도시의 왜곡된 상이 비치는 도시다. 도시의 교회들은 밖에서 보기엔 알록달록한 (어떤 가지의 그르머리에는 초록색 뾰족뾰족한 꽃봉오리가 달렸고, 다른 가지에는 파란 봉오리가, 또 다른 가지에는 빨갛고 하얀 봉오리가 달린) 선인장 무리 같지만 내부에서 보면 곳곳에 성상과 등잔이 매달렸고 번쩍번쩍한 칠을 한 그림들이 지붕 꼭대기까지 줄지어 걸렸다. 그리고 마지막으로, 잘 갈아놓은 들판처럼 이리저리 인도가 깔린 도시이자, "황후의 생일이니까요."라면서 오늘은 요금을 30퍼센트 더 받아야 한다고 주장하는 사륜마차 마부들의 도시다.

문학자들은 캐롤이 《이상한 나라의 앨리스》의 속편인 《거울 나라의 앨리스》를 쓸 때 처음으로 아이디어를 얻은 곳이 모스크바라고 확신한다. 캐롤은 일기장에다 모스크바는 늘 이공원의 요술 거울 같다고 묘사하며, 거울에 비친 모습이 또다시 거울에 되비치면서 스스로 끝도 없이 뒤틀리는 광경을 보여준다고 썼다.

8월 5일 캐롤과 리든은 페트로브스키 수도원에서 축성기념일에 열린 새벽 6시 특별미사에 참석했다. 그후 성 바실리 대성당을 방문했고 "외부만큼이나 내부도 (거의 그로테스크할 정도로) 진귀한" 곳이라고 느꼈다. 또한 보물고에서 수많은 왕좌와 왕관, 보석 장신구들을 보았고, 마침내 "이 보물들이 블랙베리보다도 더 흔하다고 생각되기 시작했다."고 한다. 저녁식사 후 둘은 성당에서 열린 러시아식 결혼식을 지켜보았다. 부제가 자신이 들어본 중 가장 웅장하고 낮은 목소리로 낭송하는 순서를 하이라이트로 꼽으며, 캐롤은 이 결혼식을 "매우 흥미로운 의식"이라고 여겼다.

다음날, 둘은 마카예프 박람회에 참석하기 위해 니즈니 노브고로드로 과감히 떠났다. 이 열차 여행은 "이 노선의 숨겨진 호사"인 침대차가 아니라 "평범한 이등석"을 이용하게 되면서 트라우마를 남기고 말았지만, 캐롤은 니즈니 노브고로드가 근사한 곳이라고 단언했다. 그러나 캐롤에 따르면 "박람회의 온갖 새로운 것들"은 타타르 모스크와 해 저물녘 기도를 알리는 소리에 묻혀 보잘것없었고, 기도를 알리는 소리는 "형언할 수 없게 슬프고 유령 같은 느낌으로 허공에 퍼져 나갔다."고 묘사했다. 한편 이 여행의 정신적인 정점은 일주일이 막 지났을 때 찾아왔다. 8월 12일 모스크바 부주교인 레오니드 부주교가 이들을 트로이츠키 수도원으로 안내했고, 이후 모스크바 대주교이자 19세기 러시아 정교회에서 가장 강력하고 영향력 있는 인물이던 바실리 필라레트 드로츠도프의 궁전을 찾아가 둘을 그에게 소개했던 것이다.

캐롤과 리든은 일주일 후 고국으로 향하는 여정을 시작했다. 8월 19일 상트페테르부르크로 가기 위해 모스크바를 떠났고, 바르샤바(캐롤은 지금까지 가본 도시 중에 가장 시끄럽고 더러운 곳이라 믿었다)와 브로츠와프(당시의 브레슬라우), 기센, 엠스, 파리와 칼레를 거쳐 옥스퍼드로 돌아왔다.

이후 캐롤은 다시는 영국을 떠나지 않았으며, 러시아에서 쓴 일기는 그가 세상을 떠난 지 40여 년이 흐른 1935년에야 출간되었다. 그때서야 앨리스와 그녀의 모험을 사랑하는 충실한 팬들은 그가 창조한 동화의 나라만큼 혼란스러운 실제 도시들과의 만남을 글로 읽을 수 있었다.

▶ 상트페테르부르크 성 이삭 대성당 지붕의 사도 마테오

아가사 크리스티, 오리엔트 특급열차에 오르다

Agatha Christie, 1890~1976

아가사 크리스티의 작품에는 열차가 자주 등장한다. 수많은 소설을 써낸 이 추리 소설가는 열차들의 이름과 시간표, 인쇄된 승객명단을 《푸른 열차의 죽음》, 《ABC 살인사건》, 《패딩턴 발 4시 50분》에서처럼 제목과 플롯 장치에 슬쩍 집어넣었다. 《패딩턴 발 4시 50분》은 미국에서 《맥길리커디 부인은 무엇을 목격했는가!》What McGillicuddy Saw!라는 새로운 제목을 달고 소개되었는데, 독자늘이 던넌의 이 특별한 송작역을 살 보들 수노 있다는 우려 때문이었다. 한편 데번에 있는 크리스티의 집에서 주말을 보내고 돌아오던 출판업자 알렌 레인은 엑서터 역 가판대에서 읽을거리를 사려다가 구미에 당기는 것이 하나도 없음을 깨달았다. 여기서 그는 저렴한 가격에 질 좋은 페이퍼백을 다양하게 찍어내야겠다는 아이디어를 얻었다. 레인의 새로운 출판사(그리고 지금은 세계에서 가장 저명한 출판사 중 한 곳인) 펭귄이 처음으로 내놓은 열 권 중에는 크리스티의 데뷔 소설인 《스타일스 저택의 괴사건》도 포함됐다.

1921년 출간된 이 소설은 추리 소설계에서 가장 오래 살아남았으며 인기 있는 등장인물의 탄생을 알렸다. 바로 벨기에 출신 탐정 에르퀼 포와로다. 그는 무기력하고 몸집이 왜소하며 콧수염에 밀랍을 빳빳하게 발랐

지만 놀랍도록 연역적인 "작은 회색 뇌세포('나의 작은 회색 뇌세포'를 사용하면 해결 못할 사건이 없다고 말하는 것이 포와로의 입버릇이다 —옮긴이)"를 보유했으며, 발음은 우스꽝스럽지만 지독히 똑똑한 유럽 대륙인이다. 분명 그 시대 영국인만이 떠올릴 수 있는 그런 인물로, 부분적으로는 크리스티가 제1차 세계대전 동안 고향인 토키의 지역 진료소에서 일하면서 친해진 몇몇 벨기에 망명자늘을 보델로 삼았다. 그때의 경험으로 크리스티는 독극물에 관한 지식을 갖추게 됐고, 훗날 소설에서 부인이 남편의 불륜에 분노하여 암살을 한다든지 분개한 잡역부들이 인색한 사장에게 복수하는 교묘한 방법을 꾸며낼 때 활용했다.

이와 비슷하게, 크리스티는 벨기에 CIWLCompagnie Internationale des Wagons-Lits이 운영하는 열차의 노선과 목적지, 짐꾼, 여행안내원, 풍요로운 식당차와 으리으리한 침대차에 익숙했다. 덕분에 1930년대 대륙을 잇는 이국적인 황홀함의 대명사였던 오리엔트 특급열차는 《오리엔트 특급살인》(그녀의 미국 출판사는 《칼레로 가는 열차 안의 살인》으로 제목을 바꾸었다)에서 상당히 정확하게 묘사되었다. 하지만 그녀가 열차와 관련을 맺게 된 건 나태한 관광객이나 수동적인 통근자로서가 아니

었다. 그녀는 아치볼드 '아치' 크리스티와의 첫 결혼이 깨진 후 감정적인 혼란을 겪던 시기에 처음 열차를 타고 여행을 떠났다. 그렇게 해서 열차는 불륜을 저지른 아치로부터의 해방뿐 아니라, 두 번째 남편인 14살 연하의 고고학자 맥스 말로완 사이에 싹트고 꽃핀 새로운 감정 모두를 상징하게 됐다.

벨 에포크 시대가 한창일 때 오리엔트 특급열차는 매일 비엔나로 떠났고, 일주일에 두 번은 부다페스트, 세 번은 이스탄불(당시의 콘스탄티노플)까지 달렸다. 노선은 회사가 몇십 년에 걸쳐 아테나로 가는 경로뿐 아니라 다양한 서비스를 추가로 운영하면서 계속 바뀌었다. 1919년부터는 로잔과 밀라노, 베네치아, 베오그라드와 소피아를 거쳐 동남쪽으로 달리는 자매 열차 '심플론 오리엔트 익스프레스(스위스의 샘플롱 고개에서 따온 이름이다)'도 생겼다. 이 남쪽 지선이 바로 아가사 크리스티가 1928년 처음으로 이등석을 타고 떠났으며 6년 후 포와로가 소설에서 가상으로 여행을 한 열차다.

크리스티의 여행은 아치와 이혼을 합의한 후부터 시작됐다. 1977년 사후에 출간된 자서전에 따르면, 결혼 생활이 끝나자 우울한 영국의 겨울 날씨로부터 탈출해야겠다고 느꼈고 서인도제도로 휴가 일정을 예약했다고 한다. 출발 이틀 전, 크리스티는 몇몇 런던 친구들과 저녁식사를 하러 갔다가 페르시아 만 파견에서 갓 돌아온 해군 장교 하우 중령과 그의 아내를 소개받았다. 부부는 크리스티에게 자신들을 홀린 도시 바그다드에 관한 이야기를 들려주며, 작가라면 그곳을 꼭 방문해야 한다고 우겼다. 바그다드가 바다를 통해서만 갈 수 있는 곳이라고 생각했던 크리스티는 '열차를 타고, 그것도 오리엔트 특급열차를 타고 갈 수 있다'는 정보를 듣고 매우 기뻐했다. 그녀는 이렇게 썼다. "평생 동안 나는 오리엔트 특급열차를 타보길 바랐다. 프랑스나 스

1 런던
2 이스탄불(콘스탄티노플)
3 알레포
4 다마스쿠스
5 바그다드
6 텔 앨 무카이야르(우르)

페인, 아니면 이탈리아를 여행할 때면 가끔 칼레에 도착한 오리엔트 특급열차를 볼 수 있었고, 나는 그 열차에 오르고 싶은 생각이 간절했다. 심플론 오리엔트 특급열차라니. 밀라노 행, 베오그라드 행, 스탐불 행…" 다

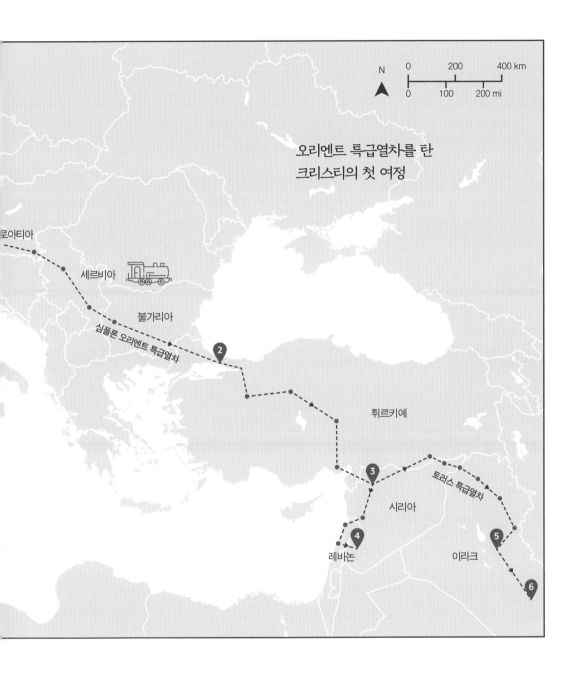

오리엔트 특급열차를 탄
크리스티의 첫 여정

로아티아

세르비아

불가리아

심플론 오리엔트 특급열차

튀르키예

2

3

시리아

토러스 특급열차

레바논

4

이라크

5

6

◀ 이전 페이지 : 베네치아
심플론 오리엔트
특급열차를 그린 빈티지
포스터

음 날 아침 크리스티는 서인도 제도로 가는 표를 취소하고, 대신 이스탄불로 가는 심플론 오리엔트 특급열차표를 예약했다. 이스탄불에서 다마스쿠스로, 그리고 다마스쿠스에서 바그다드로 이어지는 노선이었다.

크리스티의 여정만큼이나 중요한 것은 그녀가 홀로 이 여행을 떠났다는 사실이다. 그녀는 1922년에 이미 세계 일주를 경험한 노련한 여행자였지만, 이번 여행은 자신 외에는 그 누구도 신경 쓸 필요 없이 보고 싶은 지역들을 여행할 수 있는 기회였다.

이 여정을 두고 크리스티는 훗날 "내가 바라왔던 모든 것"이라고 회상했다. 이탈리아 트리에스테를 거쳐 유고슬라비아와 발칸반도를 지났던 것을 그녀는 이렇게 기억했다. "완전히 다른 세계를 마주한다는 것은 너무나 매혹적인 일이었다. 협곡을 지나고, 그림에서 튀어나온 듯한 소달구지와 마차들을 보고 열차 승강장에 선 사람들을 관찰했다. 또한 가끔은 니시와 베오그라드 같은 지역에 내려서 완전히 다른 문자와 신호와 함께 거대한 기관차들이 교체되고 어마어마한 크기의 열차들이 새로 들어오는 모습을 지켜보았다." 그리고 이렇게 썼다. "홀로 여행을 떠나고 나서야 바깥세상이 당신을 얼마나 보호하고 돌봐주는지를 깨달을 수 있다."

이라크에서 크리스티는 우르(현대의 텔 엘 무카이야르)에 있는 고대 바빌론 유적지를 방문하고, 고고학자 레오나르드 울리와 그의 아내 캐서린을 만났다. 오랜 우정으로 이어질 만남이었다. 알고 보니 캐서린은 크리스티의 소설 《애크로이드 살인사건》을 막 읽은 참이었다. 크리스티는 다음 해에 부부의 초대를 받고 우르로 돌아왔고, 울리의 조수인 맥스 말로완을 만나게 됐다. 이 여행은 딸 로절린드가 폐렴에 걸려서 병세가 위중하다는 전보를 받는 바람에 짧게 끝이 났다. 다행히 로절린드는 건강을 회복했지만, 그래도 말로완은 크리스티가 심플론 오리엔트 특급열차를 타고 집으로 돌아가는 길에 동행해서 런던까지 에스코트했다. 같은 해 크리스

▶ 이라크 우르의 거대한 지구라트 유적

티와 말로완은 서쪽으로 가는 동일한 열차를 타고 베네치아와 두브로브니크로 신혼여행을 떠났다.

　그때부터 크리스티는 중동을 지나 이집트 너머까지 가는 말로완의 여러 고고학 발굴 여정에 자주 동행했다. 대개는 오리엔트 특급열차를 타고 가는 지역들이었고, 당연히 그녀의 소설 속에 등장해 《메소포타미아의 살인》이나 《나일 강의 죽음》의 단서가 되었다. 말로완은 현지의 엄청난 열기를 피하기 위해 대개 겨울에 발

굴 작업을 진행했다. 그 계절이 《오리엔트 특급열차》의 배경이 되는 시기라는 점 역시 눈여겨볼 만한 디테일이다. 눈 더미에 갇혀 꼼짝할 수 없는 열차는 이 소설의 플롯에서 결정적인 구성요소다.

소설은 포와로가 새벽 다섯 시라는 꼭두새벽에 알레포에서 거의 텅 빈 '스탐불' 행 토러스 특급열차에 오르면서 시작된다. 날씨는 꽤나 추웠고 발칸반도에 눈이 내린다는 보도가 이어진다. 이 벨기에인은 시리아에서 모험을 끝낸 뒤 스탐불에서 며칠 동안 관광이나 하며 쉴 기대에 들떠 있었지만, (크리스티와 비슷하게) 긴급전보를 받고 런던으로 다시 소환됐다. 그리고 칼레로 떠나는 다음 심플론 오리엔트 특급열차의 침대차가 예년 비슷한 시기와 비교해 (그리고 기온을 고려할 때) 의외로 만석이라는 내용과 더불어, 포와로가 겨우 빈자리 하나를 찾아 열차에 타는 것으로 작품의 서막이 오른다.

아직 소설을 읽거나 영화화된 버전을 보지 못한 독자를 위해 그다음 이야기는 덮어두려 한다. 그러나 흥미신신한 선개 외에노, 크리스티는 짙은 암청색에 납테를 두른 침대 차량 내부에 대한 자세한 설명을 제공한다. 이 소설에 등장하는 출발 시간과 환승 시간, 그리고 식당차에서 아침식사와 점심식사, 저녁식사가 제공되는 시간에 관한 지리한 설명은 베데커 출판사의 여행 서적이나 《브래드쇼의 유럽 철도 안내서》Bradshaw's Continental Railway Guide만큼이나 당시 여행자들에게 도움이 됐을 것이다. 포와로와 함께 여행하는 승객들은 거의 우스꽝스러울 정도로 정형화된 외국인 무리(백계 러시아인, 이탈리아인, 영국인, 스웨덴인, 미국인)인데, 이들은 분명 크리스티 자신이 열차를 타고 여행하면서 만나게 된 사람들의 대표 표본에 가까웠을 것이다. 다만, 우리가 아는 바에 따르면 크리스티와 실제 삶에서 식당차에 동행했던 사람들 중 여러 차례 칼에 찔려 죽은 사람은 없었다.

하지만 심플론 오리엔트 특급열차 자체는 수없이 위축되며 오랜 세월에 걸쳐 고통받고 죽어갔다. 제2차 세계대전 이후 승객이 점차 감소하고, 철도노선의 동쪽의 냉전이 고조되는 가운데 철의 장막 뒤에 남겨졌기 때문이다. 그리고 결국 1962년 속도도 느리고 훨씬 소박한 서비스를 제공하는, 다이렉트 오리엔트 특급열차라는 상당히 애매모호한 이름의 열차로 대체됐다. 인간계로 내려온 이 열차는 그 후로 15년을 더 투지를 잃지 않고 달렸으나 1977년 5월 20일 중단되고 만다. 그러나 그에 앞서 1월에 세상을 떠난 크리스티는 이미 오래전부터 열차를 타지 않았다. 《오리엔트 특급살인》이 최초로 펭귄 출판사의 페이퍼백으로 출간된 1948년에 이라크를 또 한 번 방문했던 일을 회상하며, 크리스티는 자서전에 이렇게 썼다. "이런, 이젠 오리엔트 특급열차가 아니라니! 더 이상 열차는 가장 처럼한 이농 수단이 아니다⋯ 항공기로 여행하는 역겨운 일상이 시작됐다."

윌키 콜린스와
찰스 디킨스,
컴브리아 주의 나태함에서
벗어나다

Wilkie Collins, 1824~1889 & Charles Dickens, 1812~1870

영국 솔웨이 만의 컴브리안 해안에 자리한 작은 휴양도시 알론비. 의아할 정도로 정확한 날짜가 박힌 명판이 이곳의 십Ship 호텔을 장식하고 있다. 명판은 1857년 9월 9일 수요일에 윌키 콜린스와 찰스 디킨스가 이 호텔에 머물렀다고 기록하고 있다. 여관주인의 일지가 보여주듯, 콜린스와 디킨스는 실제로 이 호텔에서 이틀을 더 머물렀다. 와인과 맥주를 마시며 점심을 먹고, 차와 브랜디를 곁들여 저녁을 먹었으며, 휴식 시간에는 레모네이드와 흑맥주를 마시기도 했다. 이 지역을 도보여행 중이던 두 작가는 고작 이틀 전인 9월 7일 런던 유스턴 역에서 열차를 타고 출발해 칼라일에서 내렸다.

잘 나가는 풍경 화가의 아들이었던 콜린스는 6년 전 화가 오거스터스 에그를 통해 디킨스를 소개받았다. 디킨스보다 열두 살이 어리고, 이제 막 소설가로서 경력을 쌓아가기 시작한 단계였던 콜린스는 이 나이 많은 남자에게 경외심을 품었다. 콜린스의 아직 성숙하지 않은 재능을 알아본 디킨스는 멘토로서 그를 지원해 주며 자신이 정기적으로 발행하는 《일상의 언어》와 《연중무휴》에 글을 게재할 수 있게 해 주었다.

전기작가 클레어 토말린에 따르면, 콜린스는 디킨스의 선택을 받아 여러 차례 도피나 유람에 동행했다. 이 특별한 나들이의 동기는 표면상 '나태한 애송이 둘의 게으른 여행'이라는 제목으로 《일상의 언어》에 실릴 연재 기행문을 쓰기 위해서였다. 그러나 실은 불행한 결혼생활을 하던 디킨스가 엘렌 터넌을 만나기 위한 핑계에 불과했다. 터넌은 열여덟 살의 배우로, 디킨스와는 그해 여름 처음 만났고 당시 동커스터의 시어터 로열에서 <페티코트를 입은 귀염둥이들>에 출연 중이었다.

디킨스는 8월 29일 편지를 통해 콜린스에게 외유를 제안하면서 "나는 나 자신으로부터 도피하고 싶네."라는 글로 자신이 감정적으로 동요돼 있음을 알렸다. 처음에 디킨스는 어디를 가든 상관없다고 주장했으나, 이 여행의 최종 목적지가 어디인지는 의심의 여지가 없다. 런던을 떠나기 전 이미 동커스터에 호텔을 예약했던 것이다. 이 '게으른 여행'의 여행기 결말 부분에는 떠들썩하고 활기찬 경마 주간에 찾아간 사우스요크셔 주의 도시에 대한 인상이 자세히 적혀있다. 이들은 "애매하게 메아리치는 '그 말들'과 '그 경주들'의 아우성은 자정이 올 때까지 쉴 새 없이 퍼져 나갔고, 마침내 '때때로 들리는 술 취한 이들의 노랫소리와 무질서한 고함 소리'

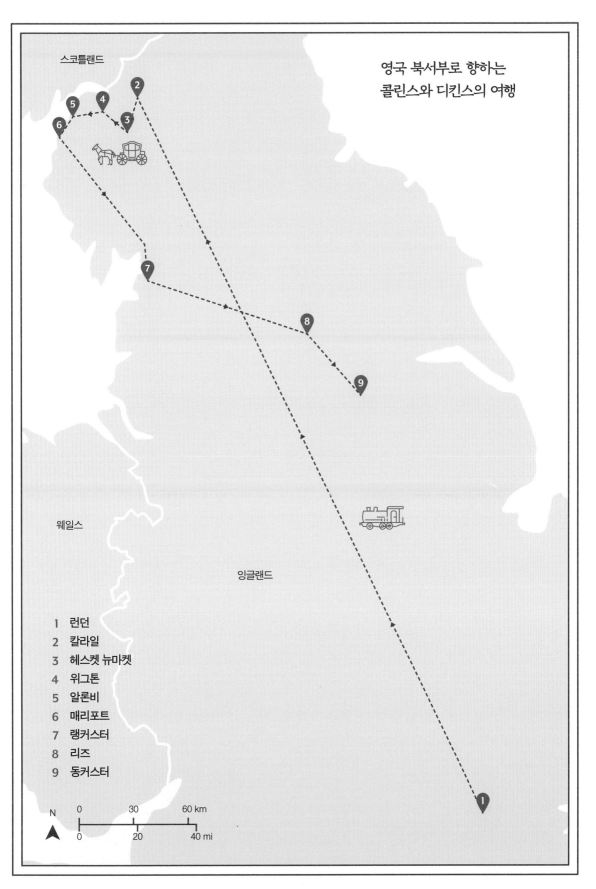

스코틀랜드

영국 북서부로 향하는
콜린스와 디킨스의 여행

웨일스

잉글랜드

1 런던
2 칼라일
3 헤스켓 뉴마켓
4 위그톤
5 알론비
6 매리포트
7 랭커스터
8 리즈
9 동커스터

N

0   30   60 km
0 20   40 mi

에 묻혀 사라졌다."고 썼다.

이튿날, 디킨스와 콜린스는 칼라일에서 하룻밤을 묵은 뒤 잠에서 깨어났을 때 이 도시가 "불쾌하고 원망스러울 정도로 분주하다."는 걸 깨달았다. 시장이 열리는 날이었던 것이다. 가판대와 상인들로 북적이는 도시를 떠나, 둘은 22킬로미터가량 떨어진 곳에 있는 헤스켓 뉴마켓으로 가기로 했다. 그곳에서 디킨스와 콜린스는 아늑한 동네 여관에 묵으면서 귀리 비스킷을 먹고 위스키를 마시다가 "카룩 혹은 카룩 펠이라고 하는 컴브리아의 어느 시커먼 옛 언덕인지 산인지"를 찾아 나섰다. 디킨스는 그곳에 오르고 싶어 안달이 났으나, 콜린스는 망설였다. 거기에는 충분한 이유가 있었다. 등반하던 날 오후 비가 무섭게 내렸고, 산은 곧 "런던의 연무보다 훨씬 더 두터운 안개"로 덮였기 때문이다. 나침반이 고장 나면서 둘은 길을 잃었고, 더듬거리며 산허리

를 따라 내려오다가 콜린스는 발목을 삐고 말았다. 옷을 갈아입고 위스키를 좀 더 들이키고 나서(디킨스는 위스키를 마시면서 콜린스의 통증을 덜어주고 부기를 가라앉히기 위해 상처에 오일을 발라주었다), 이들은 지붕이 덮인 작은 마차를 타고 시장이 서는 위그톤으로 향했다.

위그톤에서 둘은 온천 도시 알론비로 여행을 떠났다. 콜린스가 기운을 차리는 데에 소금기 섞인 공기와 스코틀랜드 바닷가 풍경이 도움이 될 것이라는 희망에서였다. 마을은 그런대로 쾌적하면서도 오락거리가 매우 한정된 곳이었다. 아직도 회복이 덜 된 콜린스를 십 호텔 소파에 남겨두고, 디킨스는 편지를 가지러 근처 매리포트까지 걸어가야만 했다. 결국 둘은 과감히 랭커스터로 떠나기로 결정했고, 잠시 리즈에 들렀다가 마침내 동커스터로 갔다.

1857년 10월 3일과 31일 사이에 《일상의 언어》가 처

THE RAILWAY STATION AT DONCASTER

음 발행된 후, 디킨스 생전에 '나태한 애송이 둘의 게으른 여행'은 결코 재출간되지 않았다. 그러나 두 작가가 북쪽으로 떠난 여행(혹은 콜린스의 입장에서는 불운한 사고)은 문학연보에 큰 영향력을 발휘했다. 2년 후 콜린스는 《흰 옷을 입은 여인》을 쓰면서 디킨스와 함께 누볐던 컴브리아 지역들을 소설의 일부 배경으로 활용했다. 매리포트 외곽의 에완리그 홀은 이 책에 등장하는 리머릿지 하우스의 토대가 되었는데, 덧붙이자면 이 소설은 디킨스의 간행물 《연중무휴》에 처음 연재되었다.

◀ 영국 레이크 디스트릭트 지역의 카록 펠 정상

▶ 1860년경 영화배우 엘렌 터난의 초상

▲ 1849년 9월 15일자 〈일러스트레이티드 런던 뉴스〉, 동커스터의 기차역

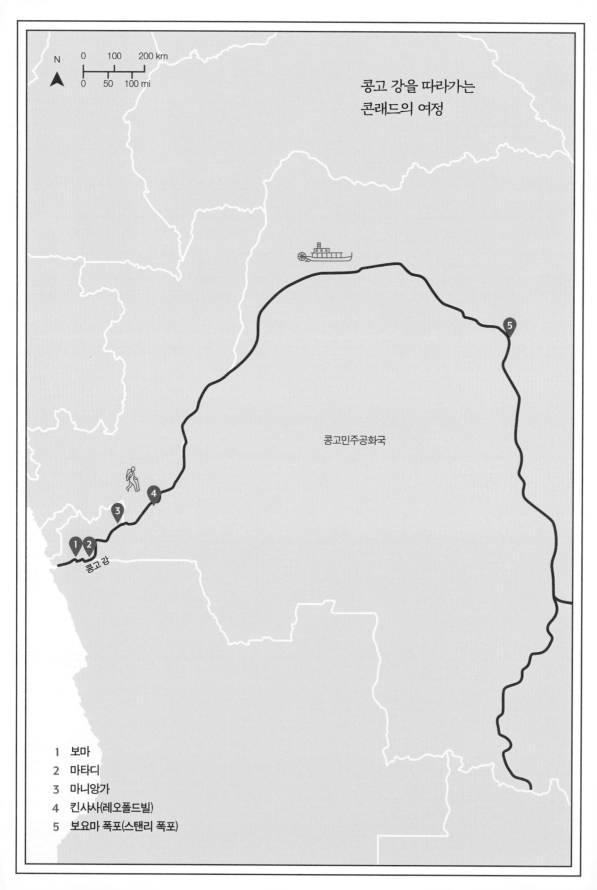

콩고 강을 따라가는
콘래드의 여정

콩고민주공화국

콩고 강

1 보마
2 마타디
3 마니앙가
4 킨샤사(레오폴드빌)
5 보요마 폭포(스탠리 폭포)

조지프 콘래드,
콩고에서
진정한 공포를 목도하다

Joseph Conrad, 1857~1924

콘래드는 벨기에령 콩고에서 직접 경험한 일을 토대로 쓴 1899년 작《어둠의 심장》에 대해 "사건의 진상과 조금 (그것도 아주 조금) 다르게 썼다."고 언급했다. 폴란드령 우크라이나의 포돌리아에서 조제프 테오도르 콘라드 코르제니오프스키라는 이름으로 태어난 이 작가는 어린 시절 해양 모험 소설들을 즐겨 읽었고, 열여섯이라는 어린 나이부터 전 세계를 돌아다니는 선원으로서 바다에서 경력을 쌓았다.

서아프리카는 콘래드가 뭉고 파크 같은 유럽 모험가들의 탐험을 다루는 이야기들을 접한 이래로 언제나 방문하길 고대했던 곳이었다. 니제르의 근원까지 쫓아가려는 뭉고 파크의 불운한 노력은 <보이즈 오운>Boy's Own(19세기 중반 영국에서 발행된 소년잡지 —옮긴이)의 신화를 이룬 핵심이었다. 1891년 마침내 콘래드에게 기회가 찾아왔으니, 콩고에서 벨기에 증기선을 지휘해 달라는 제안을 받은 것이다. 덴마크 출신의 전임 선장이 몇몇 현지인들과 다툼을 벌인 뒤 살해당한 탓이었다. 일을 시작하기에는 다소 불길한 상황이었지만, 콘래드로서는 전임자가 횡사를 당하는 바람에 공석이 된 직책을 물려받는 일이 처음은 아니었다. 일하고 싶은 생각도, 아프리카를 보고 싶은 생각도 간절했던 콘래드는

콩고 유역에서 운영되는 대형 무역상사인 SABSociété Anonyme Belge pour le Commerce du Haut-Cong와 3년 계약을 맺었다. 그러나 결국 6개월 정도만 버틸 수 있었고, 배 위에서 그가 겪은 일들은 정신적으로나 신체적으로 평생 가는 흉터를 남겼다.

1865~1908년 콩고는 전적으로 벨기에 왕 레오폴 2세의 소유였다. 콘래드는 다른 많은 유럽인들과 마찬가지로 자신들이 콩고를 비개함에서 구해주고 있다는 벨기에의 주장을 믿었다. 그러나 식민지를 점령해서 아프리카인들을 착취하며 대륙의 자원을 약탈하는 등의 행위를 정당화하기 위해 사용된 프로파간다는 금세 허점을 드러냈고, 콘래드도 곧 그것을 깨달았다.

아프리카로 떠나는 작가의 여행은 보르도에서 시작됐다. 1891년 5월 10일 그는 빌 드 마르세이유 호를 타고 이 프랑스 항구를 떠났고, 먼저 카나리아 제도의 테네리페 섬을 거쳐 아프리카 서부 해안을 따라 계속 남쪽으로 향했다. 배는 세네갈의 다카르, 기니의 코나크리, 시에라리온의 프리타운, 베냉의 코토누, 가봉의 리브르빌에 잠시 들렀고, 콩고 강 어귀에 도착한 후 마침내 1891년 6월 12일 콩고의 수도인 보마에 이르렀다.

다음날 콘래드는 증기선을 타고 마타디까지 강을 거

슬러 올라갔고, 이곳에서 아일랜드계 공화주의 운동가이자 외교관, 그리고 영국 영사인 로저 케이스먼트와 함께 지냈다. 케이스먼트는 콩고와 페루에서 벌어진 원주민 학대를 법의학적인 근거를 들어 폭로하면서 기사 작위를 받았지만 나중에 반역죄로 처형된다.

케이스먼트는 아프리카에서 콘래드가 진심으로 괜찮다고 생각한 거의 유일한 유럽인이었다. 콘래드는 6월 13일 케이스먼트와의 첫 만남을 이렇게 기록했다. "로저 케이스먼트 씨와 알게 됐다. 어떠한 경우에든 엄청나게 기쁜 일이라 생각해야 하고, 행운임에 확실하다. 그는 아주 지적이고 동정심 넘치며, 말도 잘한다." 둘은 이후 2주 동안 함께 지냈다. 6월 28일 콘래드와 또 다른 동료인 프로스퍼 하로우는 21명으로 구성된 상

단商團에 껴서 킨샤사(당시의 레오폴드빌)에 있는 콘래드의 배에 오르기 위해 떠났다. 그러나 마타디와 킨샤사 사이에 펼쳐진 콩고 강으로는 배가 다닐 수 없고 그 사이를 잇는 철도는 공사 중이었기 때문에 도보로 갈 수밖에 없었다. 여행은 고되었다. 맹렬하게 내리쬐는 태양 아래로 썩어가는 시체들이 길 여기저기 널브러져 있었으며 모기들은 끈질기게 따라붙었다. 콘래드와 하로우는 열병에 굴복하고 말았다. 둘은 지칠 대로 지친 채로 괴로워하며 8월 2일 킨샤사에 도착했다. 30명의 아프리카인이 선원으로 일하는 증기선 로이드 벨지 호에 타기로 한 콘래드는 강을 거슬러 올라가 보요마 폭포(당시 스탠리 폭포)까지 가보았고, 그 과정에서 벨기에 상아 사냥꾼과 동행 공무원들의 소름 끼치는 잔인함, 엄청나

▲ 콩고민주공화국 마타디

게 불결한 환경 속에서 쇠사슬에 묶인 채 노역하는 콩고의 죄수들, 폐허가 된 마을들, 그리고 벌목으로 인해 텅 비어버린 시골 지역 등을 보았다. 로이드 벨지 호는 9월 1일 보요마 폭포에 입항했고 6일 후 물길을 따라 킨샤사로 출발했다. 배에 오른 승객들 중에는 보요마 폭포에 거점을 둔 벨기에 회사와 일하는 무역사무관 조르주 앙투안느 클렝도 있었다. 클렝은 이질로 인해 죽을 만큼 아팠고 결국 고향으로 돌아가는 여행에서 살아남지 못했다. 그는 《어둠의 심장》 속 소름 끼치는 상아 상인 쿠르츠의 모델이었을 것으로 추측되는 인물 중 하나다. 소설 속 쿠르츠 역시 증기선을 타고 강을 따라 내려가다가 악성 말라리아에 걸려 죽기 때문이다.

9월 24일 루아 드 벨쥬 호가 킨샤사에 도착할 무렵

콘래드 자신도 말라리아와 이질에 걸리고 말았다. 그는 콩고에서의 나머지 몇 달을 병치레로 고통받으며 보냈고, 12월 4일을 마지막으로 증기선 지휘를 끝마친 후 사표를 냈다. 1891년 2월 1일, 소문에 의하면 고열로 인해 반쯤 죽은 채로 런던에 도착한 그는 이후 십여 년 동안 자신이 콩고에서 목격한 바에 대해 고뇌했고, 이를 소설로 바꿔놓았다. 《어둠의 심장》은 발표 당시, 그때까지의 어떤 소설보다도 식민주의를 가장 처절하게 비난한 작품이었다.

▼ 1883년 7월 21일
〈더 그래픽〉 제28호, 콩고 강의 보마

▶ 다음 페이지 :
콩고민주공화국 콩고 강

이자크 디네센,
아프리카로 떠나고
아프리카를 떠나다

Isak Dinesen(Karen Blixen), 1885~1962

이자크 디네센은 덴마크 소설가 카렌 블릭센이 작품을 발표할 때 자주 사용하던 남성형 필명이다. 덴마크 50크로네 지폐 위에 블릭센의 초상이 우아하게 빛나고 있다는 사실은 그녀가 덴마크에서 어떤 위치에 있는지를 보여준다. 그러나 처음에 조국은 디네센의 첫 문학적 시도에 상당히 냉정하게 반응했다. 데뷔작 《일곱 개의 고딕 이야기》는 《천일야화》와 로버트 루이스 스티븐슨의 작품에서 영향을 받아 영어로 써 내려간 무시무시한 이야기 모음집으로, 거의 모든 출판사로부터 퇴짜를 맞았지만 미국에서 뜻밖의 베스트셀러가 됐다. 블릭센과 덴마크 간의 관계는 아프리카, 특히나 케냐에 대한 애정으로 인해 복잡해졌다. 1931년 블릭센은 코펜하겐 바로 북쪽의 룽스테드에 있는 가문의 땅으로 돌아올 수밖에 없었고, 케냐를 쫓겨난 에덴으로 여겼다.

이자크 디네센이 덴마크를 떠난 건 그로부터 약 18년 전이었다. 고집불통의 스물여덟 살이었던 그녀는 영국령 동아프리카에서 농사를 짓는 스웨덴 귀족인 브로 폰 블릭센-피네케 남작과 결혼하기 직전이었고, 새로운 삶에 대한 희망으로 가득 차 있었다. 그러나 결국 금전적으로 몰락한 이혼녀로 돌아왔다. 결혼생활, 그리고 1921년 이래 직접 운영하던 농장은 수치스럽게도 실패하고 말았다. 설상가상 불륜을 저지른 전남편에게서 옮은 매독으로 인해 건강이 좋지 않았고, 애인은 사파리 여행길에 자가용 비행기가 추락하면서 사망했다. 이런 상황에서 글쓰기는 회복을 위한 그녀만의 방식이었다. 전기작가 주디스 서먼이 날카로운 통찰력을 가지고 표현했듯, 1937년에 발표한 회고록이자 가장 유명한 작품인 《아웃 오브 아프리카》는 블릭센이 아프리카에서 보낸 삶의 대부분을 덮친 재앙에 대한 "숭고한 수선작업"이라 할 수 있다.

이 비극은 전남편이 케냐에서 낙농장을 운영하기로 했던 계획들을 취소하고 나이로비 고지대에 자리한 커피농장을 인수한 순간부터 싹텄다. 그는 모르고 있었지만, 커피나무가 제대로 자라기에 흙은 너무 산성이 강했고 강수도 불규칙해서 이 사업은 시작부터 장래가 상당히 어두웠다. 일단 농장을 계약하자 블릭센은 브로를 따라 케냐로 갔고, 몸바사에 도착해 그와 결혼했다.

블릭센의 가족은 브로의 사업적 감각과 남편으로서의 자질에 (수많은) 의혹을 품었고, 1913년 12월 초 그녀를 만나기 위해 코펜하겐으로 왔다. 처음에 블릭센은 부모님과 함께 남부지방을 여행하며 나폴리로 향했고, 그곳에서 2주간 머물다가 12월 16일 애드미럴 호에 올랐다. 동아프리카로 가는 여정은 19일이 걸렸고, 배는 증기를 내뿜으며 지중해와 수에즈 운하를 통과해 홍해

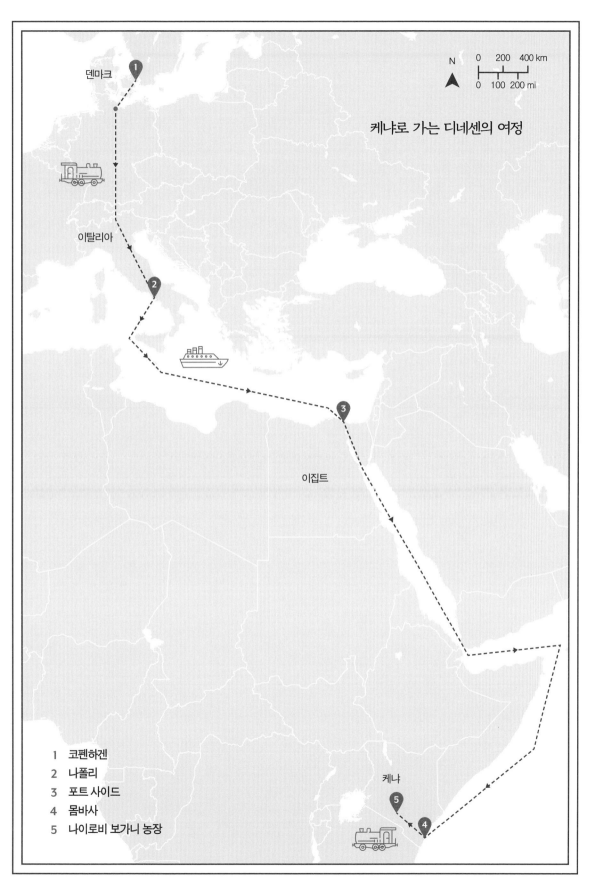

케냐로 가는 디네센의 여정

덴마크

이탈리아

이집트

케냐

1 코펜하겐
2 나폴리
3 포트 사이드
4 몸바사
5 나이로비 보가니 농장

N

0   200   400 km
0   100 200 mi

와 아덴만을 거쳐 인도양으로 나갔다. 그 후 소말리 해안을 따라 남쪽으로 가서 몸바사에 도착했다.

애드미럴 호는 1914년 1월 13일 킬린디니 항구에 도착했고 브로는 신부를 데려오기 위해 배에 올랐다. 결혼식은 다음 날 아침 스웨덴의 빌헬름 왕자가 남작의 증인이 되어주는 가운데 열렸다. 오후 4시가 되자 하객들은 신혼부부를 기차역까지 호위해서 갔고, 그곳에서 부부는 나이로비로 가는 열차의 개인용 식당차로 안내받았다. 우간다 철도의 본선을 따라 몸바사에서 빅토리아호까지 달리는 열차에는 침대차가 없었기 때문에 블릭센 부부는 첫날밤을 긴 의자 위에서 보내야만 했다.

나이로비로부터 농장까지는 19킬로미터를 더 가야 했고, 농장에서는 1,200여 명의 농장 노동자들이 새로운 여주인을 맞이하기 위해 모였다. 브로는 이들의 시끌벅적한 환영에 짜증을 냈지만 블릭센은 완전히 반하고 말았다. 즉각적으로 그녀는 이 장소와 현지인들에게 친밀감을 느꼈다. 훗날 "이들은 내 본성의 어떤 부

름에 대한 일종의 답처럼 내 인생에 들어왔다."라고 언급했을 정도다. 블릭센은 원주민 노동착취를 반대하면서 영국 식민주의자들로부터 따돌림을 당했고, 제1차 세계대전이 시작됐을 땐 그녀가 독일 스파이라는 소문마저 퍼졌다. 그러다 보니 그녀는 현지에 거주하는 영국인들보다 오히려 원주민들이 편하고 "더욱 형제 같다."고 여겼다.

블릭센은 케냐에서 머물던 커다란 방갈로를 '보가니' 또는 '음보가니'(말 그대로 '숲 속의 집'이란 뜻이다)라고 불렀고 이 옛집은 현재 그녀의 삶과 작품, 나라와의 관계를 기리는 국립 박물관으로 쓰인다. 박물관은 1986년 메릴 스트립이 블릭센으로 분한 할리우드 영화 <아웃 오브 아프리카>가 개봉된 직후 문을 열었고, 새로운 세대의 독자층을 작가에게로 끌어들였다.

◀ 1918년 케냐 사파리에서 카렌 블릭센

▼ 케냐 은공 언덕의 발치에 있는 블릭센의 옛집. 현재는 박물관으로 쓰인다.

아서 코난 도일 경, 셜록 홈즈를 묻기에 완벽한 장소를 발견하다

Arthur Conan Doyle, 1859~1930

자신이 만들어낸 유명하고 사랑받는 문학적 인물을 아서 코난 도일 경만큼 경멸하는 작가가 또 있었던가? 자문 탐정 셜록 홈즈는 1887년 <비턴스 크리스마스 애뉴얼>에 실린 《주홍색 연구》에서 사건기록자인 동료 존 H. 왓슨과 함께 처음 등장했다. 이 중편소설은 도일이 햄프셔 주 사우스 시에서 꾀병을 부리는 선원들과 퇴역 해군들을 진료하는 틈틈이 써낸 것이다.

홈즈는 즉각 성공을 거둔 작품은 아니었다. 그러나 1891년 <스트랜드>지에 이 인물이 등장하는 이야기가 더 많이 연재되기 시작하면서(이 연재물은 《셜록 홈즈의 모험》으로 출간됐다) 베이커 가 221B에서 살아가는 소설 속 인물은 센세이션을 불러일으켰다. 도일은 홈즈 덕에 경제적 궁핍함에서 완벽히 벗어날 수 있었지만 홈즈를 못마땅해했다. 자기가 더 나은 작품을 쓰지 못하게 방해한다고 믿었기 때문이었다. 도일은 일찌감치 황금알을 낳는 자신의 거위에게 환멸을 느끼면서, 홈즈의 첫 연재가 끝나자마자 어머니에게 편지를 써서 이 주인공을 죽이고 싶다고 말했다. 어머니는 "아닐 거야! 그럴 수는 없어! 그래서는 안 돼!"라고 답장했다. 도일은 주인공을 살려놓았고 그의 죽음을 2년 더 미뤄뒀다.

훗날 자서전에서 도일은 "홈즈를 쓰기가 쉽지 않은 이유는 모든 이야기가 실제로 장편소설에서처럼 명쾌하고 독창적인 플롯이 필요하다는 데에 있다."라고 설명했다. 또한 독자들과 출판업자들의 요구가 점점 더 까다로워지면서 "아무런 노력 없이 이렇게 빠른 속도로 플롯을 제시하는 것"이 불가능해졌다.

홈즈의 이야기를 두 편 더 쓴 후, 도일은 자신이 "문학적으로 더 저급한 계층"이라고 멸시했던 부류와 완전히 똑같이 취급받을 위험에 빠졌다고 믿었고, 이를 해결하기 위해 이 영웅의 삶을 끝내기로 결심했다. 그의 의지는 확고했으며, 스위스를 여행하는 동안 홈즈를 죽일 수단과 방법을 저절로 떠올렸다.

1893년 8월 도일은 강의를 위해 스위스 루체른에 초대받았고, 일정을 연장해서 아내 루이스('투이'라는 애칭으로 유명하다)와 함께 휴가를 보내기로 했다. 호텔 드 유럽에 머무르면서 도일은 감리교 목사이자 작가인 사일러스 호킹과 알게 됐는데, 호킹은 셜록 홈즈의 작가가 매우 우람한 몸에 활기 넘치고 건강하며 다정한 사람이라는 것을 알고 놀랐다. 키가 크고 튼튼하며 들창코와 작고 매서운 눈, 그리고 끝부분을 밀랍으로 고정시킨 멋진 콧수염을 가진 도일은 매부리코의 호리호리한 홈즈보다는 신체적으로 (또한 기질적으로나 전직 의사라는 직업상으로) 왓슨에 더 가까웠고, 많은 이들의 이러한 평가는 예나 지금이나 마찬가지였다. 작가를 더욱

스위스에서 보낸 도일의 휴가

스위스

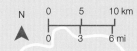

1 루체른
2 메이링겐
3 라이헨바흐 폭포
4 체르마트
5 핀델 빙하

짜증 나게 한 건 사람들이 가끔 그를 미스터 셜록 홈즈라고 불렀다는 사실이다. 도일은 언젠가 푸아그라를 너무 많이 먹어서 그 후로는 말만 들어도 "역겨운 느낌"을 받았는데, 그와 마찬가지로 "(홈즈에 대해) 너무 많이 듣다 보니" 홈즈라는 이름만 들어도 푸아그라를 먹은 것 같은 기분이 들었다.

루체른에 머물던 도일과 루이는 인터라켄에서 25킬로미터 떨어진 메이링겐까지 여행을 떠났다. 이 여정을 각색한 내용에는 비록 '불길한 예감'이라는 포장이 잔뜩 덧붙여지긴 했으나, 마침내 《최후의 사건》 속 홈즈와 왓슨에게 반영되었다. 왓슨은 이렇게 설명한다.

론 강 골짜기를 누비다가 로이크로 들어선 그 유쾌한 한 주 동안, 우리는 여전히 눈에 파묻힌 젬미 고개를 넘고 인터라켄을 지나 메이링겐으로 향했다. 근사한 여행이었다. 발아래로는 화사한 봄의 푸릇푸릇함이 자리하고, 머리 위로는 순백의 겨울이 펼쳐졌다. 그러니 홈즈는 단 한순간도 자신에게 드리운 위협을 잊지 않고 있음이 분명했다. 소박한 알프스 마을에서든 외딴 산길에서든, 홈즈의 민첩하게 번뜩이는 눈과 우리 앞을 스쳐 가는 모든 사람의 얼굴을 예리하게 주시하는 모습을 보고 있노라면 우리가 어디를 가든 우리 뒤를 따라다니는 위험에서 완전히 벗어날 수 없으리라는 사실을 제대로 인식하고 있다는 걸 알 수 있었다.

메이링겐에서 도일 부부는 근처 라이헨바흐 폭포로 향했다. 이곳은 이미 영국 여행자들을 위한 여행안내서에 스위스 알프스 북부의 손꼽히는 장관 중 하나로 소개돼 있는 무시무시한 폭포였다.

메이링겐과 라이헨바흐 폭포를 방문한 뒤에 부부는

◀ 이전 페이지 :
　스위스 루체른 호수

◀ 셜록 홈즈와 모리아티 교수가 스위스 라이헨바흐 폭포로 떨어져 죽음을 맞기 직전의 모습을 보여주는 시드니 파젯의 삽화

체르마트로 움직였다. 리펠알프 호텔에 투숙하면서 도일은 호킹 역시 그곳에 머문다는 사실을 발견하고 기뻐했다. 부부는 벤슨이라는 목사와 함께 현지 가이드의 도움을 받아 체르마트 동쪽의 핀델 빙하로 탐험을 떠났다. 호킹은 그로부터 몇 년 후에 쓴 회고록에서, 빙하 위를 둘러보다가 "크레바스를 피하려고 에둘러 돌아가던 와중에" 도일이 홈즈를 처리할 방법을 떠올렸다고 회상했다. 작가는 아마도 여행 도중 "나는 홈즈를 죽여 버리려고 해. 그렇게 하지 않으면 홈즈가 나를 죽이게 생겼어."라고 말했으리라. 팬이었던 벤슨은 이 아이디어를 듣고 질겁했고 최선을 다해 만류했지만, 한편으론 대체 이렇게 홈즈를 끝내려 하는지 궁금하기도 했다. 도일이 실은 아직 잘 모르겠다고 털어놓자, 호킹은 자신들이 조심조심 피해 가던 빙하 크레바스 같은 곳에 홈즈가 떨어져 죽게 만드는 것은 어떠냐고 제안했다. 보아하니 도일은 빙그레 웃으며 그 의견에 동의한 모양이다.

그러나 그해 여름 영국으로 돌아가서 이 작가가 홈즈를 위한 마지막 의식을 거행할 때 가장 많이 떠오른 곳은 라이헨바흐 폭포였다. 도일은 자서전에서 "끔찍한 장소였고, 불쌍한 셜록이 묻힐 만한 무덤이 되어주리라 생각했다. 내 은행 잔고 역시 그와 함께 묻어버릴지언정."이라고 썼다. 홈즈와 그의 앙숙이자 지능범인 모리아티 교수는 마지막 (그리고 그 유명한) 결투에서 벼랑 끝에 다다른다. 싸움을 이어가던 둘은 서로 엉겨 붙은 채 아래쪽 바위 위로 떨어져서 얼음처럼 차가운 급

류에 휩쓸려가고 만 것처럼 보인다. 함께 실린 시드니 파젯의 삽화는 두 남자가 마지막 순간에 폭포 꼭대기에서 몸싸움을 벌이는 모습을 담고 있다. 그리고 이들의 죽음은 후기 빅토리아 시대 사람들의 집단적인 의식 속에 새겨졌다.

홈즈의 죽음을 알리는 소식은 1893년 12월 이야기가 발표되기 한 달 전에 누설되고 말았다. 망연자실한 대중은 그 사실을 믿지 못한 채《최후의 사건》을 맞이했고, 홈즈를 기리려고 검은색 추모 완장들을 차기도 했다. 작가에겐 편지가 쇄도했고 홈즈를 부활시켜 달라고 요청하는 탄원서도 몰렸다. 2만여 명이 항의의 뜻으로 <스트랜드>지의 구독을 취소했지만 아무 소용도 없었으며, 도일은 독자들의 요구에 무관심할 뿐이었다. 홈즈를 죽이고 홀가분해진 작가는 즉각 나폴레옹 시대를 배경 삼아 에티엔느 제라르라는 프랑스 경기병이 등장하는 새로운 역사소설 시리즈 집필에 착수했다.

그러나 홈즈에 대한 대중의 열망은 1901년까지 계속 이어졌고, 도일은 결국 《바스커빌 가문의 개》에서 홈즈를 살려냈다. 그에게는 안 된 일이지만(물론 탐정소설 애호가들에겐 잘된 일이다) 이 작품이 어마어마한 성공을 거두면서 작가는 그 후로도 30년을 더 이 주인공에게 묶여있게 됐다.

▶ 스위스 알프스의 마터호른 산

F. 스콧 피츠제럴드, 프렌치 리비에라에 푹 빠지다

F. Scott Fitzgerald, 1896~1940

피츠제럴드는 재즈 시대를 기록한 유쾌하고 세속적인 작품으로 1920년대를 빛냈던 문학의 거장이었으며, 젊고 잘생긴 외모로 자주 세상 사람들 입에 오르내렸다. 그러나 이후 벌어진 사건들로 인해 그는 슬픔과 분노, 실망 속에서 곱씹게 된다. 1940년 할리우드에서 피츠제럴드가 사망한 당시, 한때 인기가 넘쳤던 이 작가는 심각한 알코올중독자가 되어 독자들에게 사실상 잊힌 상태였다. 거의 10년을 매달려 내놓은 소설 《밤은 부드러워라》는 문학적으로나 상업적으로나 실패하고 절판됐으며, 팔다 남은 《위대한 개츠비》의 초판도 여전히 재고로 남아 있었다.

피츠제럴드가 처음 문단에 화려하게 등장했던 시대에 일광욕은 대담하고 현대적인 취미였다. 누릴 여유가 있는 자만이 할 수 있는, 여유롭고 국제적으로 세련된 사람들의 상징이었기 때문이다. 제1차 세계대전의 여파로 새로 생겨난 유행과 <보그>지 지면을 빌린 코코 샤넬의 홍보에 힘입어 프렌치 리비에라는 태양을 숭배하는 미국인 예술가들에게 여름 휴가지로 인기를 끌었다. 그중에는 피츠제럴드와 아내 젤다, 그리고 제럴드와 세라 머피도 있었다.

피츠제럴드는 《밤은 부드러워라》를 머피 부부에게 바쳤고(책의 헌사에는 "제럴드와 세라, 그리고 수많은 파티에게"라고 적혀 있다) 이 커플은 소설의 매력적인 주인공인 딕과 니콜 다이버의 모델이 되었다. 그러나 소설이

진행되면서 지나친 음주로 직업을 잃고 마는 정신과 의사 딕은 작가 자신의 모습을 변형시킨 것으로 악명 높으며, 아름답고 신경질적인 니콜은 세라보다는 피츠제럴드의 정신적으로 불안정한 아내에 더 가깝게 그려졌다.

세라는 신시내티 주에서 잉크제조업을 하는 백만장자의 장녀로서 한때 유럽에서 자랐기 때문에 독일과 영국의 귀족사회에 속해 있었다. 제럴드는 뉴욕에서 잘 나가는 고급백화점 소유주의 둘째 아들로 예일 대학교를 졸업했다. 가족들은 이 결혼을 비난했고(특히 세라의 아버지는 딸이 선택한 배우자에 관하여 매우 한탄했다) 물질주의자들이 모여 있는 미국 엘리트 사회가 역겨워진 머피 부부는 1921년 파리로 이주했다. 대서양을 건너는 이주를 결심하게 된 또 다른 동기는 환율이 엄청나게 유리했다는 것이다. 미국 달러와 프랑스 프랑의 환율차 덕분에 이들은 세라의 신탁자금에서 비교적 적은 금액만으로도 풍족하게 살 수 있었고, 제럴드의 직업적인 가망성이나 하버드에서의 조경학 공부를 반쯤 포기한 상황에 관해 캐묻는 난처한 질문들 역시 피할 수 있었다. 재정적으로 더 궁핍했던 피츠제럴드 부부도 이와 비슷한 금전적인 계산에서 프랑스로 향했다. 1924년 피츠제럴드는 <새터데이 이브닝 포스트>에 쓴 유머러스한 작품인 《사실상 무일푼으로 일 년을 살아내는 법》에서 유럽에서 검소하게 살아가는 이점에 대해 묘사하기도 했다.

1922년 초여름은 문학적으로 '기적의 해'였다. 제임스 조이스의 《율리시스》와 T.S.엘리엇의 《황무지》가 발표된 것도, 《위대한 개츠비》가 시간적 배경으로 삼은 것도 바로 이 시기다. 그해 머피 부부는 부유하고 세련된 파리지엔들에게 인기가 많은 노르망디 해안의 휴양도시인 울가트로 여행을 떠났다. 그곳에서 작곡가 콜 포터(제럴드의 예일 대학교 시절 친구)와 아내 린다를 만나 그들이 남프랑스의 앙티브에 빌린 별장에 초대받았다. 제럴드는 훗날 포터를 "장소에 대한 훌륭하고 날카로운 안목과 아방가르드한 감각"을 지닌 친구라고 인정했고, 1962년 <뉴요커>지와의 인터뷰에서는 "그 누구도 여름에는 리비에라 근처에 가지 않던" 시절에 그곳에 머물렀음을 몇 번이고 되풀이해 말했다. 포터는 다시 앙티브로 돌아가지 않았지만, 머피 부부는 이곳에 홀딱 반하고 말았다.

다음 해 이들은 앙티브에 있는 호텔 뒤 캅(보통은 5월 1일이면 닫았다)의 지배인을 설득하여 여름에 오는 손님과 재방문하는 손님들을 받도록 했다. 이를 계기로 앙티브에서의 여름휴가는 상류층들에게 큰 인기를 끌게 됐다. 그러자 친구들이나 생각이 비슷한 사람들, 그리고 자유로운 영혼을 가진 이들만 초대해 왔던 머피 부부는 이제 때 묻지 않은 풍경이 너무 많은 방문객들로 인해 훼손될까 걱정되기 시작했다. 부부는 격식에 얽매이지 않으면서도 격조 높은 생활을 즐기기 위해, 앙티브의 주앙 만 비탈에 자리한 무장 가衙 112번지의 집을 구매했다. 그리고 일광욕에 어울리는 모로코 양식의 납작한 지붕을 가진 현대적인 아르데코 스타일로 리모델링하여 '빌라 아메리카나'라고 이름 붙였다.

하지만 1924년 여름에 머피 부부가 앙티브로 돌아왔을 때도 집은 여전히 공사 중이었고, 그들은 다시 호텔 뒤 캅에 머물러야 했다. 피츠제럴드 부부는 그해 봄

프랑스

N

| 0 | 5 | 10 km |
| 0 | 3 | 6 mi |

파리에서 머피 부부를 만났었고, 8월에는 바로 이곳으로 만나러 왔다. 피츠제럴드는 호텔 뒤 캅에 대한 묘사로 《밤은 부드러워라》의 서두를 열었다. 그는 이를 고스의 호텔 데 제트랑제로 소설화했고, 실상 아무런 소용도 없었지만 (누가 봐도 현실의 정체가 뻔해 보였기 때문

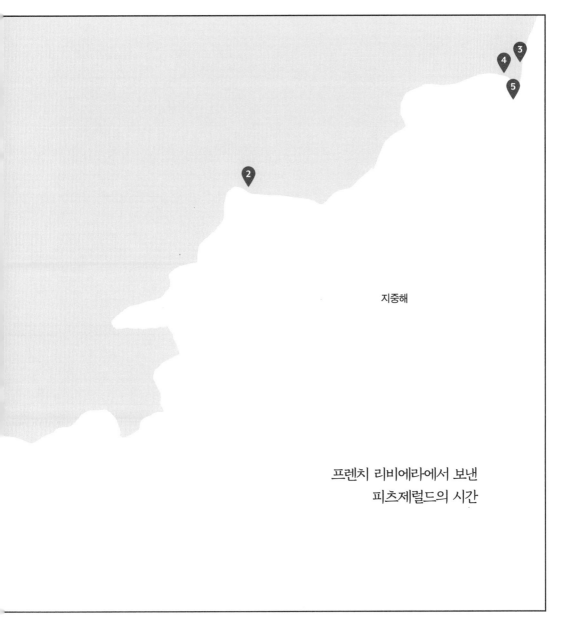

지중해

프렌치 리비에라에서 보낸
피츠제럴드의 시간

이다) 호텔의 하얀색 벽을 분홍색으로 바꿔치기하며 슬쩍 감춰보려 애썼다.

마르세유와 이탈리아 국경의 중간 즈음… 프렌치 리비에라의 기분 좋은 바닷가에 이 크고 위풍당당

◀ 앞페이지 : 프랑스 앙티브

한 장밋빛 호텔이 서 있다. 단정하게 선 야자수가 붉게 달아오른 호텔의 정면을 식혀주고, 호텔 앞으로는 눈부신 바닷가가 짧게 뻗어 있다… 이 호텔과 밝은 갈색의 기도용 깔개 같은 바닷가는 한 몸이었다.

소설 초반부에 등장하는 로즈메리 호이트와 그의 어머니처럼, 피츠제럴드 부부는 열차를 타고 파리에서 리비에라로 왔다. 처음에는 조용한 해안 도시 이에레에 머물렀지만 젤다는 이곳이 음울하고 지루하다고 생각했고, 곧 부부는 생라파엘로 옮겼다. 피츠제럴드는 이 도시를 "바다 가까이에 세워진 작고 붉은 도시. 명랑한 붉은 지붕의 집들과 억누른 축제 분위기가 떠돈다."라고 묘사했다. 피츠제럴드는 그곳에서 임대한 집 '빌라 마리'에 머무르며 본격적으로 《위대한 개츠비》를 써내

려 갔다. 소설 속 부두의 불빛은 데이지에 대한 개츠비의 갈망을 표현하는데, 캅 당티브의 해안에서 떨어진 등대의 깜빡이는 초록 불빛이 모티브가 되었을 법하다.

한편 딱히 할 일이 없었던 젤다는 그만 늠름하게 잘생기고 까무잡잡하게 그을린 피부의 어린 프랑스 비행사 에두아르 조장에게 빠져들었다. 짧은 기간, 어쩌면 불발에 그칠 수도 있는 연애였다. 그러나 아내의 불륜을 알게 된 피츠제럴드는 질투 섞인 분노에 빠졌고 젤다가 다시는 조장을 만나지 않겠다고 약속할 때까지 방 안에 가둬뒀다. 이로 인해 이미 요동치던 그들의 결혼은 악화일로에 접어들었는데, 젤다의 정신건강도 마찬가지였다. 그럼에도 그녀는 반자전적인 소설 《왈츠는 나와 함께》에서 조장을 떠올리며, 책의 주인공인 벡스가 프렌치 리비에라에서 자크 셰브르-푀유와 혼외연애

◀ 1934년 《밤은
부드러워라》의 초판 표지

▲ 1926년 프랑스 앙티브에서
F. 스콧 피츠제럴드와
스코티, 그리고 젤다

를 저지르게 만든다.

피츠제럴드 부부는 이후 다섯 번의 여름을 리비에라에서 보냈고, 그 가운데 2년은 주앙레팽의 방조제 위에 세워진 '빌라 생루이'에 머물렀다. 그리고 이곳에서 작가는 마침내 《위대한 개츠비》를 완성하면서 몹시도 만족스럽게 지냈던 것 같다. 피츠제럴드는 한 편지에서 이렇게 썼다. "사랑하는 (니스와 칸느 사이에 자리한) 리비에라에 있는 멋진 집으로 돌아왔고, 지난 몇 년보다 행복하네. 바로 지금이 한 사람의 인생에서 모든 일이 잘 풀리는, 그 이상하고 소중하면서도 너무 순식간에 지나가 버리는 순간 중 하나야."

아니나 다를까, 그 순간은 계속되지 않았다. 1929년 검은 목요일(월스트리트 대폭락)이 닥치고 머피 부부의 아들 패트릭이 일찍 세상을 떠났으며 피츠제럴드는 무분별하게 술을 마셔댔고 젤다의 정신 불안 증세는 점차 잦아졌다. 이 모든 것이 남프랑스의 그 눈부시게 아름답던 여름에 종말을 고했다. 피츠제럴드는 그 여름날들을 전달하려 애썼지만 술 때문에 심각하게 방해를 받았다. 1934년 《밤은 부드러워라》가 발표됐을 때 감명받은 이는 소수에 불과했고, 대다수 비평가들은 이 소설을 퇴폐적인 역행이라고 무자비하게 공격했다. 이는 머피 부부에게 큰 충격을 안겼다. 특히나 세라는 책 때문에 상처받고 화를 냈다. 그러나 이 소설은 한 시대와 장소를 보여주는 부족하지만 흥미로운 그림이다. 또한 피츠제럴드에게 리비에라가 얼마나 중요한지를 드러내는 독특한 증언이며, 좋든 나쁘든 리비에라가 피츠제럴드의 삶과 글에 미친 영향력의 증거로 남아 있다.

▶ 프렌치 리비에라

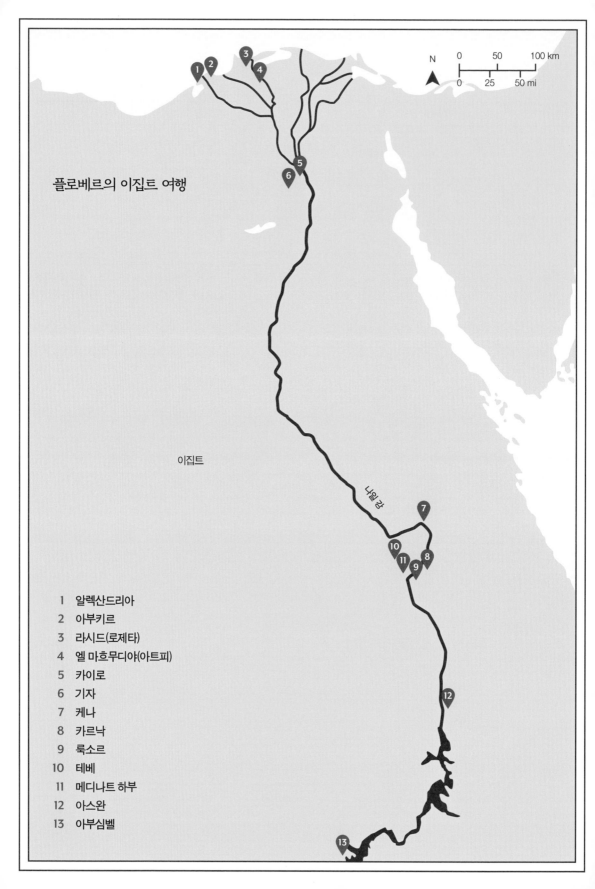

플로베르의 이집트 여행

N

0   50   100 km

0   25   50 mi

이집트

나일강

1   알렉산드리아
2   아부키르
3   라시드(로제타)
4   엘 마흐무디야(아트피)
5   카이로
6   기자
7   케나
8   카르낙
9   룩소르
10 테베
11 메디나트 하부
12 아스완
13 아부심벨

귀스타프 플로베르, 동양을 만끽하다

Gustave Flaubert, 1821~1880

1833년 9월 14일, 거대한 석상을 실은 배 한 척이 파리에서 북서쪽으로 128킬로미터 떨어진 센 강의 항구도시 루앙에 들어왔다. 룩소르 호는 거의 2년 전 람세스 2세의 오벨리스크를 싣고 이집트를 떠났다. 약 25미터 높이의 이 커다란 분홍색 화강암 축조물은 룩소르 나일 강변의 람세스 2세 사원 곁에 우뚝 서서 3천 년 이상 자리를 지켜왔다. 그러나 이제는 파리 콩코르드 광장에 새 보금자리를 틀 예정이었다. 부둣가에 모여 이 고대 세계의 거대한 돌덩어리가 노르망디에 들어오는 광경을 경이롭게 바라보던 사람들 가운데는 열한 살의 귀스타프 플로베르도 있었다. 동양에 관한 모든 것을 흠모하는 플로베르의 취향은 유치원에서 《천일야화》를 읽으면서 일찌감치 형성됐고, 청소년기에 접어들어 바이런과 빅토르 위고의 작품들을 즐기면서 더욱 강해졌다.

플로베르는 연필 쥐는 법을 알게 된 순간부터 습관적으로 글을 끄적였고, 불과 아홉 살에 가족들을 위해 희곡을 쓰기도 한 충동적인 몽상가였다. 그는 고작 열다섯 살이 되었을 때 자신보다 열한 살 연상의 유부녀인 엘리사 슐레징거와 사랑에 빠졌다. 저명한 플로베르 학자인 고故 프란시스 스티그뮬러에 따르면, 플로베르 평생의 진정한 사랑이었던 시인이자 작가 루이즈 콜레 역시 그보다 열한 살이 많은 유부녀였다.

플로베르는 평생 결혼하지 않았고, 젊은 시절엔 성매매를 자주 했다. 콜레에게 보내는 편지에서 그는 솔직하게 털어놓았다. "변태 같은 취향일 수 있지만, 저는 성매매가 좋아요. 그리고 그 자체로는 육체적인 측면과는 거리가 멉니다. 제 심장은 비 오는 날 깊이 파인 드레스를 입은 창녀가 등불 아래로 걸어오는 모습을 볼 때마다 두근거리기 시작해요." 그리고 《감정교육》을 쓴 플로베르는 1849년 마침내 당시 '동양'이라고 부르던 지역을 여행하게 되면서 어딜 가든 성매매를 마음껏 즐겼다.

플로베르의 형인 아쉴은 기꺼이 의사가 되었고, 형제의 아버지와 외할아버지 모두 의사였기 때문에 모두가 이를 당연하게 생각했다. 그러나 미래의 작가에게는 형이나 아버지, 또는 외할아버지의 발자취를 따를 적성도, 욕구도 없었다. 열여덟 살에 의학과 법학의 기로에 놓인 그는 법학을 선택했다. 이 결정이 낳은 중요한 성과 중 하나는 파리에서 동료 학생이었던 막심 뒤 캉과 돈독한 우정을 쌓을 수 있었다는 것이다.

그러나 플로베르의 법 공부는 1844년에서 1845년으로 넘어가는 크리스마스와 새해 휴가 동안 간질 판정을 받으면서 갑작스레 끝나고 말았다. (다만 그의 질환과 진단이 정확한지에 대해서는 항상 논란이 있다.) 그의 병은 학업을 마칠 수 없을 만큼 위중하다고 여겨졌다. 루앙으로 돌아온 뒤 그는 이탈리아에 잠시 머물렀다. 이탈리아의 온화한 날씨가 건강에 도움이 될 것이라 믿으면서, 플로베르는 무려 열여섯 달에 걸쳐 대하소설 《성 앙

▼ 이집트 카이로

트완의 유혹》을 쓰느라 공부를 중단했다.

그사이에 부유한 고아였던 뒤 캉은 북아프리카와 튀르키예로 여행을 떠났고 그 여행에 대한 책을 써 호평받았다. 그는 다음 차례로 더 야심 찬 여행을 마음속에 품고 있었다. 옛 대학 친구 플로베르와 합심해서 이집트를 탐험하고 시리아와 팔레스타인, 사이프러스, 크레타섬, 로도스 섬을 거쳐 돌아오기를 바랐던 것이다. 처음에 플로베르의 어머니는 그 같은 긴 여행에 반대하며, 아들의 건강은 가까운 마데이라 제도의 날씨 정도면 쉽게 좋아질 거라 주장했지만 마침내 여행을 허락했다.

출발에 앞서 플로베르는 뒤 캉과 다른 절친한 친구 루이 부이예에게 자신이 새로 쓴 소설을 읽어보라고 우겼다. 무려 나흘 동안 읽어야 할 분량에 괴로워진 두 친구는 플로베르에게 451페이지짜리 원고는 너무 과하니 몽땅 태워버리고 다시 쓸 것을 설득했다. 그러면서 현재를 배경으로 오노레 드 발자크처럼 좀 더 현실주의적인 글을 써보라고 권하여 플로베르를 겁에 질리게 만들었다. 당시 그는 이탈리아 세안에 빠져 있었지만 결국 받아들이고 《보바리 부인》을 썼다.

둘 중에서 좀 더 실용적으로 생각하는 축이던 뒤 캉은 여행계획을 세웠을 뿐 아니라 둘 모두를 위해 공식적인 임무를 얻어냈다. 불가능해 보였을지 몰라도 (그리고 실제로 그렇다는 것이 증명됐지만) 플로베르는 프랑스 농림산업부를 위해 이집트의 바다와 강, 대상무역과 농업에 관한 정보를 수집할 예정이었다. 한편, 뒤 캉의 역할은 교육부를 위해 이집트의 고대유물을 사진으로 찍어오는 것이었다. 그로 인해 둘은 당시에도 여전히 원시적인 수준이던 사진 장비를 잔뜩 들고 여행을 떠나야만 했다. 이들의 사명은 중요한 것으로 간주됐고, 현지인들이 장비에 손을 대거나 가지고 도망가는 일이 없도록 여행의 여러 구간에 무장경비원들이 동행했다. 여행을 하는 동안 뒤 캉은 젊은 플로베르의 독사진을 찍었다. 그는 카이로의 호텔 정원에서 이 사진을 촬영했는데, 이 호텔의 소유자 가운데 하나는 무슈 부바레라는 사람이었다. 플로베르는 필시 이 전직 배우의 성姓에서 엠마 보바리뿐 아니라 미완성으로 남겨진 마지막 소설 《부바르와 페퀴셰》에 등장하는 프랑소아 부바르의 이름을 떠올렸으리라.

둘은 역마차와 증기선, 기차를 타고 디종과 샬롱, 리옹을 거쳐 남쪽으로 내려갔고 1849년 11월 1일 마르세이유에 도착했다. 이어서 르 닐 호를 타고 몰타로 떠났으나 북아프리카로의 항해가 너무 힘겨운 나머지 방향을 바꿀 수밖에 없었다. 그로부터 닷새를 더 바다에서 보내고 11월 15일이 되자, 르 닐 호는 이집트 항구인 알렉산드리아에 도착할 수 있었다. 그는 알렉산드리아를 '거의 유럽 도시에 가깝'고 매도하며, 집으로 보내는 편지나 일기장에서 수많은 서양인 방문객들과 지겨울 정도로 넘쳐나는 똑똑한 사제들에 관해 언급했다. 그럼에도 플로베르는 모하메드 알리 궁전의 둥근 지붕을 처음 보고 홀딱 반해버렸다. 알렉산드리아의 해변에 멈춘 그의 시선에 처음 들어온 광경은 한 쌍의 낙타를 모는 낙타꾼으로, 믿을 수 없을 만큼 매력적이었다. 또한 항구에 내리는 순간 그들을 반겨준 불협화음의 소음과 '그득하게 차오르는 색깔들'에 압도되기도 했다.

호텔 오리엔트에 짐을 풀고 공식적인 소개장으로 무장한 플로베르와 뒤 캉은 프랑스에서 태어난 이집트 군 사령관인 솔리만 파샤와 외무부장관 하림 베이를 만났고, 관광지들을 방문했다. 또한 부유한 상인 아들의 할례식을 축하하는 가두행진을 목격하고, 자연스레 사창가도 찾았다. 플로베르에 따르면 뒤 캉은 어떤 선택지가 있는지, 즉 여자냐 어린 소년이냐 하는 것을 시험해보고 싶어 안달이 났다. 이들이 묵던 호텔 뒤편의 거리

에서는 여자들이 몸을 팔았는데, 그들은 한 무리의 새끼고양이들을 치우고 나서야 성관계를 맺을 수 있었다. 이후 몇 달간은 조금 먼 지역에 있는 빈대로 들끓는 사창가를 애용했다. 그리하여 낯선 이국의 도시에서 비난받을 걱정을 조금도 하지 않은 채 자신의 취향과 만족할 줄 모르는 듯한 리비도(성적 충동)를 한껏 만끽했다.

카이로로 떠나기 전, 이 프랑스 남자들은 말을 타고 지중해 해안을 따라 64킬로미터를 움직여서 상형문자가 새겨진 그 유명한 돌이 발견된 라시드(당시의 로제타)까지 갔다. 그리고 도중에는 아부키르의 요새에 잠시 들러 점심을 먹기도 했다. 배를 타고 나일 강을 건너 잡신으로 숭배받던 나무 한 그루를 구경한 뒤 둘은 알렉산드리아로 돌아왔고, 11월 25일 승객들로 가득 찬 엘 마흐무디아(당시의 아페) 행 증기선에 올랐다. 엘 마흐무디아에서 둘은 카이로로 가는 더 큰 야간 페리로 갈아탈 예정이었다.

플로베르는 사실상 마주치는 모든 기념물들을 사진에 담으려는 뒤 캉의 근면함, 그리고 매춘을 제외하고 이 여행을 주도적으로 끌어가는 모습이 점차 거슬리기 시작했다. 가자에서 피라미드와 스핑크스를 직접 보았을 때 플로베르는 현기증을 느낄 정도로 전율했지만, 그 흥분은 점차 '유적지에 대한 권태로움'으로 바뀌었다. 그러나 이 무기력함은 테베에 이르러 증발해 버렸고, 이곳에서 고대 이집트에 대한 플로베르의 열정은 다시 되살아났다.

플로베르는 1850년 5월 어머니에게 보내는 편지에서 케나와 홍해로 가기 위해 마침내 룩소르와 카르낙, 그리고 메디나트 하부의 무덤과 사원, 파괴된 회당을 두고 떠나야 하는 슬픔에 잠겨 있다고 설명하며, 테베를 "끊임없이 놀라면서 머무를 수 있는 장소"라고 묘사했다. 룩소르에서 그는 남겨진 람세스 2세의 오벨리스

크를 보았다. 그 옛날 루앙을 거쳐 간 오벨리스크와 일란성 쌍둥이 같은 조각이었다. 플로베르는 파리에 서 있는 오벨리스크를 떠올리면서 '그 쌍둥이 형제는 얼마나 나일 강이 그리울 것이며, 그 옛날 고대 전차들이 굉음을 울리며 발밑을 지나쳤던 때가 있었건만 지금은 콩코르드 광장과 택시들뿐이라 얼마나 지루할지' 같은 감상에 잠겼다.

두 달 후 플로베르와 뒤 캉은 이집트에서의 시간을 마무리하고 알렉산드리아에서 베이루트로 배를 타고 이동했다. 그리고 거의 1년에 걸쳐 시리아와 튀르키예, 그리스와 이탈리아를 여행하기 시작했다. 뒤 캉은 나중에 플로베르에게 여행기를 써보라고 부추겼고, 자기 자신도 글을 썼다. 스티그뮬러는 "카르타고를 배경으로 한 플로베르의 소설《살람보》, 팔레스타인 이야기《헤로디아》그리고《성 앙트완의 유혹》의 최종원고에 등장하는 구절들은 이집트에서 쓴 메모들의 분량과 밀접

한 관련을 맺고 있다."라고 언급했다. 이집트에서의 경험으로 플로베르는 순진한 청년의 미사여구 가득한 글을 버릴 수 있었고 그의 관찰력은 기행문을 쓰는 과정에서 더욱 견고해졌다. 직접 '진정한 동양'을 경험한 플로베르는 루앙 교외에 있는 크루아세의 집으로 돌아온 후엔 머나먼 시대와 장소에서 벌어지는 과장된 이국의 정취를 글에서 걷어내고 새로운 소설을 쓰기 시작했다. 그리고 이 작품《보바리 부인》으로 인해 거장의 반열에 오를 수 있었다.

▼ 이집트 가자의 스핑크스와 피라미드
   (1850년 막심 뒤 캉 촬영)

요한 볼프강 폰 괴테, 이탈리아에서 헤매다

Johann Wolfgang von Goethe, 1749~1832

1786년 8월 28일 요한 볼프강 폰 괴테는 보헤미아의 도시 카를로비 바리(당시 카를스바트)에서 서른일곱 번째 생일을 축하했다. 스물넷의 나이에 문학적 명성을 안겨준 소설《젊은 베르테르의 슬픔》의 작가면서 지난 10년 동안 시인이자 극작가, 과학자로 활동해 온 그는 바이마르 공작과 공작부인의 추밀 고문관이기도 했다. 젊은 공작 부처의 긴밀한 신뢰와 존경을 받으며 (괴테의 연방 행정 보고서에 따르면) 그는 공작의 영지와 광산, 심지어는 일부 재정 업무까지 책임져야 했다. 과중한 의무와 숨 막히는 궁중 생활로 시인은 신경쇠약에 걸리기 직전까지 갔다. 생일이 지나고 며칠 후 대부분의 아첨꾼이 바이마르로 돌아가자 괴테는 공작에게 휴가를 간청했고, 가능한 서둘러 출발했다. 9월 3일 새벽 3시에 그는 일반 마차에 올라 하인도 없이 (괴테 정도의 신분과 지위에서는 생각도 하기 힘든 일이었다) 거의 빈 몸으로 떠났다.

괴테가 공작에게 편지로 설명한 바에 따르면, 출간일이 정해졌는데도 여전히 완성하지 못한 원고라든지 대대적인 수정이 필요한 여덟 권의 작품집을 정리하는 등의 임무가 그의 마음을 무겁게 짓누르고 있었다.

저는 이 모든 일에 상당히 가볍게 착수했지만 이제는 엉망진창이 되지 않으려면 어떻게 해야 하는지 보이기 시작했습니다. 이 모든 것들과 그 외에 많은 일들 때문에 아무도 저를 모르는 곳에서 저 자신을 잃고 헤매야겠다는 생각이 듭니다. 저는 홀로, 익명으로 여행을 떠나려 합니다. 그리고 이상해 보이긴 하나 저는 이 모험에 큰 희망을 품고 있습니다.

괴테는 자신의 은밀한 모험을 위해 '장 필립 묄러'라는 가명을 썼다. 그러나 그의 진짜 정체는 여행을 떠난 지 겨우 하루 만에 레겐스부르크의 한 서점에서 들통나고 말았다. 괴테의 일기에 따르면, 그에게 완전히 빠져 있는 점원이 자신을 알아보자 그 점원을 똑바로 바라보며 자신이 괴테임을 부인하고 재빠르게 서점을 빠져나왔다고 한다.

1775년 바이마르에서의 직위를 수락하기 전에 괴테는 아버지로부터 이탈리아 여행을 권유받은 적이 있었다. 시인의 여정은 남부 이탈리아와 유럽을 향했고, 그는 여행을 통해 (어쨌든 잠시나마) 유명한 작가나 정치인보다는 겸손한 예술가로서 살아보길 꿈꿨다. 이 같은 그의 노력은 이 여행에서 가장 악명 높은 사고를 불

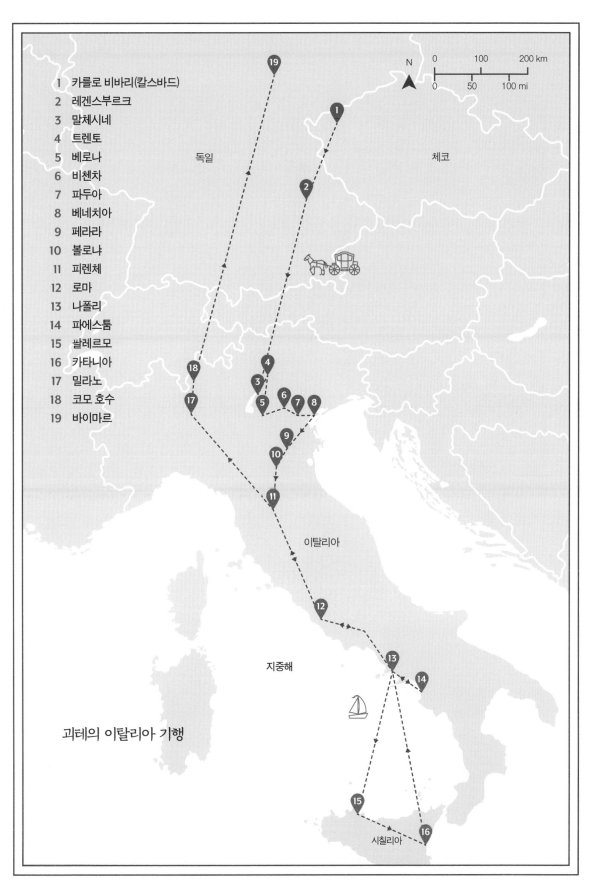

1	카를로 비바리(칼스바드)
2	레겐스부르크
3	말체시네
4	트렌토
5	베로나
6	비첸차
7	파두아
8	베네치아
9	페라라
10	볼로냐
11	피렌체
12	로마
13	나폴리
14	파에스툼
15	팔레르모
16	카타니아
17	밀라노
18	코모 호수
19	바이마르

독일

체코

이탈리아

지중해

괴테의 이탈리아 기행

시칠리아

러일으켰다. 오스트리아 영토와 베네치아 영토 사이에 자리한 말체시네의 무너진 요새를 스케치하느라 잠시 멈춰 섰다가 스파이로 오인되어 체포당할 뻔했던 것이다. 베네치아 당국은 트렌토와 베로나, 비첸차와 파도바를 거슬러 올라가는 그의 움직임을 흥미로워하며 신중하게 관찰했다.

작가는 가능한 한 눈에 띄지 않게 여행하려 했다. 그 때문에 심지어 이탈리아식 복장을 걸치기까지 했는데, 비첸차 시장에 다니는 사람들이 입는 '리넨 스타킹'을 신고 베로나에서 관찰한 그곳 사람들의 버릇들을 일부러 따라 했다. 정통적이지 않은 방식으로 여행하면서 현지인 복장으로 위장한 덕에 그는 베네치아까지 익명성을 지키면서 도착하는 데에 성공했다. 몇 년 만에 처음으로 누군가가 알아볼까 두려워할 필요 없이 자유로이 움직일 수 있다는 데에 신이 난 그는 장사꾼으로 취

급당하는 것이 재미있었고, 특히나 베네치아 군중 속에서 모르는 사람처럼 돌아다니는 것을 즐겼다. 무작정 그대로 길을 잃으려고 애쓰면서 괴테는 지도 없이 베네치아를 느릿느릿 누비며 가장 먼 구역까지 관찰했다. 베네치아의 축제 분위기에 흠뻑 빠졌다가도 가끔은 연극과도 같은 도시 풍경과 운하의 소름 끼치는 악취가 합쳐져 그의 머릿속을 어지럽히곤 했다.

괴테는 베네치아를 떠나 페라라와 볼로냐, 그리고 피렌체까지 갔다. 로마에 서둘러 도착하기 위해 피렌체에서는 고작 세 시간만 머물렀다. 10월 29일 작가는 마침내 로마에 도착했다. 괴테는 그곳에서 독일인 화가 요한 하인리히 빌헬름 티슈바인을 수소문해 찾았다. 괴

◀ 전원의 괴테,
　J.H.W.티슈바인

▲ 이탈리아 베로나의 폰테
　피에트라

테는 티슈바인의 작품들을 옹호했고 몇 번 짧게 서신을 주고받기도 했다. 화가는 코르소에 괴테가 임시로 머물 숙소를 마련해 줬고, 작가는 그 후 넉 달 동안 그 도시에서 지냈다. 전기작가 존 R. 윌리엄스에 따르면 "돌이켜 생각해 보면 적어도 그때가 괴테의 인생 전체에서 가장 행복하고도 충만한 시기 가운데 하나"였다고 한다. 티슈바인은 로마에 반해 있었다. 그는 로마의 축제가 역겹고 '진정한 유쾌함'이 결여되어 있다고 일축하면서도 관광과 스케치, 독서, 그리고 가끔은 글도 쓰면서 바쁘게 지냈다. 로마는 티슈바인의 'Joie de Vivre(삶의 환희)'를 되살려주고 창조적인 에너지를 불어넣어 줬다. 그러던 중 휴화산이던 베수비오가 다시 활동을 시작했다는 소식을 듣고 괴테는 1787년 2월 22일 로마를 떠나 나폴리로 향했다. 이번 여행에는 티슈바인이 동행했다. 티슈바인은 괴테가 베수비오 화산을 세 차례 등

반하고 폼페이 유적을 둘러볼 때도 함께했다. 화산은 독일인들에게는 꽤나 인상적인 수준으로 폭발했고, 폼페이는 기대했던 것보다 작고 촘촘한 규모로 마음을 사로잡았다. 괴테는 폼페이를 눈에 묻힌 산골 마을에 비교하기도 했다.

나폴리에서 괴테는 익명성을 포기하고 이곳의 더 걸출한 인사들과 어울리기로 결심했다. 그 가운데는 영국 대사인 윌리엄 해밀턴 경과 미래의 아내(그리고 훗날 넬슨 제독의 첩으로 더 유명해지는) 엠마 라이온이 있었다. 티슈바인은 라이온이 고전적인 드레스를 입고 자세를 취한 모습을 그리기도 했다.

괴테와 티슈바인은 나폴리에서 헤어졌고, 괴테는

▼ 로마의 콜로세움을 방문한 요한 볼프강 폰 괴테, 야콥 필립 하케르트, 1790년

▶ 이탈리아 시칠리아의 에트나 화산
▶ 다음 페이지 : 코모 호수

1787년 3월 29일 또 다른 독일인 화가인 크리스토프 하인리히 크나이프와 함께 배를 타고 시칠리아로 갔다. 티슈바인은 크나이프를 함께할 만한 여행 동반자로 추천했고, 크나이프와 괴테는 이미 같은 달 초반에 살레르노 근처 고대 그리스 도시인 파에스툼 유적에 시험삼아 동행한 바 있었다. 팔레르모로 가는 길은 고달팠고, 이들이 탄 작은 코베트선은 바람 때문에 나아가다 서기를 반복했다. 그래도 멀미를 피하려고 객실에 틀

어박혀 있던 괴테에게 희곡 《토르콰토 타소》의 첫 2막을 수정하기 시작할 정도의 힘과 영감은 남아 있었다.

시칠리아에는 고고학과 지질학, 그리고 요리에 관련한 흥미를 돋울 수 있는 더 많은 장소들이 존재했다.

괴테는 특히 시칠리아 상추의 품질에 반한 나머지 상추에서 우유 맛이 난다고 우겼다. 괴테와 크나이프는 1669년 카타니아를 거의 파괴한 용암류를 조사하고 생기 넘치는 몬테 로소의 분화구 주변을 어슬렁거리다가, 좀 더 불안정한 에트나 화산에는 오르지 말라는 경고를 들었다. 시칠리아에서도 괴테는 알레산드로 칼리오스트로의 보잘것없는 인맥들을 만나보려 했다. 그 시대 가장 악명 높은 협잡꾼 중 하나였던 칼리오스트로의 음란한 장난과 표리부동한 능력은 괴테의 손에 발굴되어 《파우스트》의 악마 메피스토펠레스가 되었다.

5월 중순, 나폴리로 돌아가는 길에는 뱃멀미에서 벗어날 수 있길 바라던 괴테의 희망은 좌절됐다. 배는 카프리 부근 암초에 걸려 망가졌고, 많은 빵과 레드와인으로도 흔들리는 다리를 진정시킬 수 없었다. 나폴리에서 몇 주를 보낸 뒤 괴테는 로마로 돌아갔다. 이곳에서 바이마르 공작에게 휴가 연장을 허락받은 그는 대략 10개월 동안 로마에 머물다가, 1788년 4월 23일 마침내 고향으로 돌아갔다. 그러나 실제로 바이마르에 도착한 건 1788년 6월 18일이었는데, 피렌체에 잠시 들른 뒤 밀라노와 코모호수에 가보기로 결정했기 때문이었다.

30년의 세월이 흐른 뒤 괴테는 이 안식휴가를 다룬 《이탈리아 기행》을 발표했다. 괴테는 정처 없이 헤매기 위해 이탈리아로 갔지만, 그의 여행은 한 사람이 여행을 통해 자아를 발견하고 새로운 목적의식을 얻는 모범적인 사례를 보여준다. 괴테의 이탈리아에 대한 감상, 그리고 르네상스와 그리스·로마 유산에 대한 학문적인 몰입은 그의 모든 일에 특색을 부여했고, 특히 책과 무대를 위한 글을 쓰는 재능에서 발휘됐다. 한편 회화와 소묘에 대한 열정은 지속되었지만, 이전 같이 우선순위에 놓이지는 않았다.

그레이엄 그린,
라이베리아에서 다시 삶을
사랑하는 법을 배우다

Graham Greene, 1904~1991

1934년 여름, 그레이엄 그린은 글을 써서 얻은 변변찮은 수입으로 식구들을 부양하려 고군분투하고 있었다. 네 번째 소설《스탐불 특급열차》로 작품성과 상업성 모두를 잡은 그린은 이제 소설이 지긋지긋해서 "일 년 동안 또 다른 소설을 쓰느니 흑사병에 걸리는 게 낫겠다."고 우길 정도였다. 그러나 그는 생계를 위해 글을 써야만 했고, 당시 인기가 높았던 여행 서적을 집필하기로 결심했다. 훗날 고백하길, 그린은 단 한 번도 유럽을 벗어나 본 적이 없었고 영국 바깥으로도 거의 나가지 않았다고 한다. 하지만 비교적 잘 알려지지 않고 일상적이지 않은 장소들에 관한 설명을 좋아하는 앵글로-아메리칸 독자들의 취향을 저격하길 바라며, 그는 라이베리아로 떠났다.

훗날 그에게 어째서 1822년 건국되어 정치적으로 혼란을 겪고 있던(그리고 미국 독지가들이 해방 노예의 고향으로 남겨놓았던) 이 서아프리카의 공화국을 선택했는지 묻자, 그린은 "에베레스트나 마찬가지입니다. 그 나라가 거기 있었으니까요."라고 퉁명스럽게 대답했다. 이와 관련해 그린이 노예폐지협회Anti-Slavery Society로부터 위임받았을 가능성이 매우 높다는 점이 언급되곤 한다(그는 라이베리아에서 미국으로 돌아온 직후 협회에서 조

거부로 강의를 했다). 그러나 손아래 사촌 바바라 그린을 이 모험에 합류시키려고 설득한 사실 또한 주목할 필요가 있다. 바바라는 상류 사교계에 갓 나온 쾌활한 스물세 살의 아가씨로 런던 첼시의 살롱과 웨스트엔드의 나이트클럽에 더 어울리는 인물이었다. 심지어 그전까지는 단 한 번의 캠핑 여행조차 해본 적이 없었다.

그린 가 사촌들의 아프리카 오디세이는 1935년 1월 4일 시작됐고, 둘은 런던의 유스턴 역에서 리버풀까지 가는 저녁 6시 5분 열차를 탔다. 아델피 호텔에서 하룻밤을 보낸 뒤, 그들은 다섯 명의 다른 승객들과 함께 데이비드 리빙스턴 호에 올랐다. 화물선은 비스케이 만과 마디아라 섬, 그란 카라리아 섬의 주도 라스 팔마스와 감비아의 수도 반줄(당시의 배서스트)을 거쳐 시에라리온의 수도 프리타운으로 향했다. <뉴스 크로니클>에서 나온 한 사진기자가 그린과 바바라가 건널판자를 밟고 배에 오르는 모습을 찍어서 작가의 신경을 건드렸다. 신문은 "스물셋의 미녀가 식인종의 나라로 출발하다."라는 가장 선정적이고 인종차별적인 헤드라인으로 이들의 출발을 보도했다.

그린은 여행기인《지도 없는 여정》에서 라이베리아의 일부 지역, 특히나 마노족이 차지하고 있는 동북 지

역에서는 식인풍습이 완전히 사라지지 않았다고 주장
했다. 그러나 현대 인류학자들은 대체로 이 주장에 반
박한다. 어쨌거나 그린의 책 제목은 대체로 사실에 입
각한 것으로, 그와 바바라가 모험을 떠난 라이베리아
내륙지역은 빽빽한 덤불이 들어서서 오직 걸어서만 접
근할 수 있었고 당연히 라이베리아의 수도 몬로비아에
사는 도시인들은 거의 관심을 가지지 않는 곳이었다.

그린과 바바라는 라이베리아를 가로질러 국경까지
가기 전에 프리타운에서는 잠시만 머물렀다. 이들은 펜
뎀부로 가는 협궤열차를 타고 꼬박 이틀 동안 290킬로
미터를 달려 여행할 예정이었고, 그 후 트럭을 타고 기
니의 변방에 있는 카일라훈으로 간 뒤에 라이베리아 국
경 바로 안쪽의 볼라훈에 있는 어느 미국선교 시설까지
32킬로미터를 이동하려 했다. 그리고 1월 16일 선교소
에 도착했다.

프리타운을 떠나기 전, 이들은 가이드 겸 조수로 일
할 현지인 소년 아메두와 라미나, 그리고 나이 많은 요
리사 소우리를 고용했다. 미리 챙겨 온 어마어마한 양
의 짐들을 옮길 짐꾼 스물다섯 명 또한 여행 내내 데리
고 다녔다. 바바라에 따르면 그 짐 꾸러미에는 '침대와
탁자, 의자, 음식을 담은 여러 개의 나무상자, 정수기,
현금 상자, 두 개의 옷상자, 그리고 각종 잡동사니들'이
들어있었다.

그린과 바바라는 궁극적으로 로파 카운티의 판데마
이와 두오고브마이(두오고브마이를 두고 그린은 "술 마시
는 것 외에는 할 일이 아무것도 없는 끔찍한 곳"이라고 묘사
했다) 그리고 지기다(소설가는 "아침햇살 속에서도 불쾌한
곳"이라고 언급했다)를 거쳐 나라의 북쪽으로 나아갔다.
그 후 뷰캐넌(당시의 그랜드 바사)에 가기 위해 갈라이에
와 디에케를 거쳐 남쪽으로 내려가다가 몬로비아의 해
변을 따라 항해했다. 여정 도중에 두 사람은 종교의식

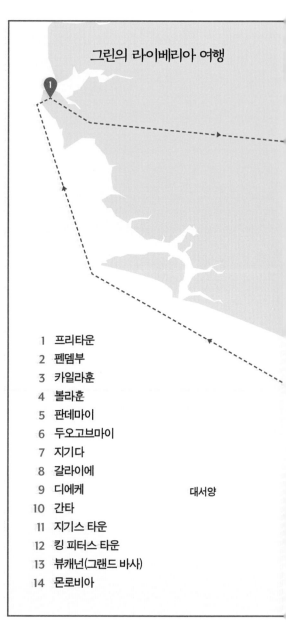

그린의 라이베리아 여행

1 프리타운
2 펜뎀부
3 카일라훈
4 볼라훈
5 판데마이
6 두오고브마이
7 지기다
8 갈라이에
9 디에케   대서양
10 간타
11 지기스 타운
12 킹 피터스 타운
13 뷰캐넌(그랜드 바사)
14 몬로비아

들을 사진으로 찍었다. 열기와 먼지, 개미, 쥐와 뱀에 절
망하고, 일꾼들의 정직함과 한결같음에 감탄했으며, 친
근한 마을 사람들과 혐오스러운 식민 관료들, 그리고
수상쩍은 토착 상인들과 부패한 공무원들과 마주쳤다.

바바라는 대개 해먹에 누워 이동한 반면, 그린은 추

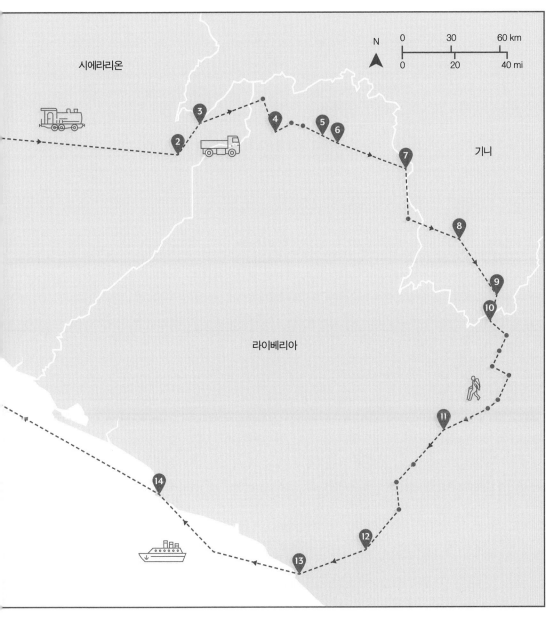

N

0   30   60 km

0   20   40 mi

시에라리온

기니

라이베리아

◀ 이전 페이지 : 시에라리온
프리타운

가 비용을 아끼기 위해 걷곤 했다. 그린이 계산하기에 하루에 24킬로미터는 너끈히 걸을 수 있었다. 그러나 간타와 바다 사이를 이동하는 여행의 막바지에 소설가는 열로 몸져누웠고 결국은 누운 채 옮겨질 수밖에 없었다. 아직도 뷰캐넌에 도착하려면 7일을 꼬박 걸어야 하는 지기스 타운에서 바바라는 사촌오빠의 건강을 심각하게 걱정했고, 독실한 가톨릭 신자인 그가 적절한 의식도 거치지 못하고 죽을까 봐 두려워했다. 다행히도 그린은 다음 날 아침 회복했다. 그날 그린 남매는 하링스빌에서 화물차를 타고 마지막 구간을 갈 수 있다는 소

식을 들었다. 남매는 킹 피터스 타운 외곽에서 제7일 안식일교 선교사들과 만나, 독일인 선교사 아내가 내어준 차가운 과일주스와 생강빵을 먹으면서 기분이 더욱 좋아졌다. 바바라에게는 이 독일인 여성이 중산층 전업주부의 모습으로 각인됐다.

뷰캐넌에서 둘은 150명의 야당 정치인들이 빽빽하게 타고 있는 몬로비아 행 배에 겨우 끼어 탈 수 있었다. 이 정치인들은 부정선거로 치러질 가능성이 높은 대통령 선거에 반대하기 위해 수도로 가는 길이었다. 그들은 7일 하고 반나절 동안 이어진 바닷길 내내 발효한 사

탕수수 주스를 마시며 거나하게 취해있었다.

그린 남매는 9일 동안만 몬로비아에 머물렀고, 이제는 간절히 집에 가고 싶어져 3월 12일 맥그리거 레어드를 잡아탔다. 나흘 후 배는 프리타운에 정박했고 곧 최종 목적지인 도버를 향해 떠났다. 그린과 바바라는 4월 초에 켄트에 있는 항구에 내렸고, 여기서 사촌들은 헤어졌다. 바바라는 곧장 런던으로 돌아갔고 그린은 도시의 호텔에서 아내와 만났다.

공식 전기작가인 노먼 셰리가 관찰한 바에 따르면 라이베리아로의 외유는 "그린의 탐사 여행들 중 첫 번째"가 되었고, 그렇게 그는 아프리카와 관계를 맺게 됐다. 1942년에는 전쟁 중 첩보 업무를 맡으면서 프리타운에 머물렀고, 이 경험은 6년 후에 발표한 소설《사건의 핵심》에 영향을 미쳤다. 여행작가 팀 부처는 그린의 중요한 여행을 되짚어 따라가면서 "이 여행은 죽음을 피할 수 없는 인간의 운명과 위험에 대한 (그린의) 태도를 영원히 바꿔놓았다."고 설명했다. 그리고 "병세가 가장 악화된 순간 빈사 상태로 의식과 무의식을 넘나들며" 작가가 "다시 삶을 사랑하는 법을 배웠다."고 덧붙였다.

◀ 라이베리아 카일라훈 근처의 덤불 사이로 난 적토길

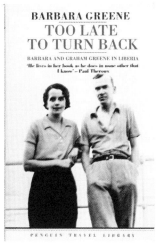

▼《돌아가기엔 너무 늦었다》 바바라 그린이 사촌오빠 그레이엄 그린과 함께한 라이베리아 여행에 관해 쓴 회고록이다.

헤르만 헤세,
깨달음을 찾아
동쪽으로 가다

Hermann Hesse, 1877~1962

1960년대 헤르만 헤세는 갑자기 유행에 민감하고 새로운 것에 열광하며 '사랑과 평화를 부르짖는' 히피족들 사이에서 힙한 문학적 인물이 되었다. 1946년 노벨문학상을 수상한 지 거의 20년이 지나고, 세상을 떠난 지 몇 년만이었다. 하버드에서 퇴출당한 심리학자이자 환각성 약물을 지지하는 티모시 리어리 박사는 "LSD를 복용하기 전에 《싯다르타》와 《황야의 이리》를 먼저 읽어라."라고 권하기까지 했다. 헤세가 이런 국면을 반겼을 리 만무하다. 그는 모든 종류의 집단 움직임에 반감을 보였으며, 특히나 자기 작품에 열광하는 청년 팬들을 싫어했다. 그러나 그의 책들에는 자기실현과 영적 깨달음을 얻기 위해 외로운 길을 추구하며 독단적인 신조에 저항하는 주인공이 등장한다. 이는 특히 1960년대와 1970년대 젊은 독자들의 심금을 울렸다.

1911년 결혼생활이 순탄치 않았던 헤세는 셋째 아들 마르틴이 태어난 지 고작 몇 달 후, 유럽을 떠나 급작스레 동양으로의 오디세이를 떠났다. 친구인 화가 한스 슈투르제네거와 동행한 헤세는 이틀 동안 독일과 스위스, 이탈리아를 여행한 뒤 9월 6일 제노바에서 프린츠 아이렐 프리드리히 호에 올랐다. 헤세는 인도로 갈 예정이었다. 인도는 그의 부모와 조부모 모두 선교사로

일했던 나라였다. 헤세가 동양적인 것들에 관심을 가질 수 있었던 건 외할아버지 헤르만 군데르트에게서 들은 다채로운 이야기 덕분이었는데, 그는 손자에게 동양에 대한 동경과 두려움, 경외심 등을 불어넣었다. 39개 이상의 언어를 말하고 말라얄람-영어사전과 문법을 편찬한 재능 있는 언어학자인 군데르트는 남인도에서 23년을 살았고, 그 가운데 대부분을 케랄라 주 탈라세리(당시의 텔리체리)에서 지내면서 현지의 언어와 방언을 연구하고 (그가 믿는 기독교) 하나님의 말씀을 전했다.

헤세는 결국 계획했던 최종 목적지에는 닿지 못했고, 여행은 인도네시아와 말레이시아, 스리랑카(실론)에서 한계에 부딪혔다. 헤세는 할아버지로부터 수많은 재능을 물려받았지만, 열대기후 지방을 견딜 수 있는 인내력만큼은 공유받지 못했음이 금세 드러났다. 프린츠 아이렐 프리드리히 호가 나폴리를 지나기도 전에 작가는 숨이 턱턱 막히는 더위를 느끼기 시작했고, 영국인들이 주로 공수해 가던 음식 역시 그에게 맞지 않았다. 또한 설사로 괴로워하느라 약을 먹지 않으면 잠을 잘 수조차 없었다. 기운 없고 냉담한 표정에다 자기중심적이고 거만한 다른 유럽인 승객들 역시 견디기 어려웠다. 이 승객들은 헤세가 도망치려 애쓰는 모든 것들

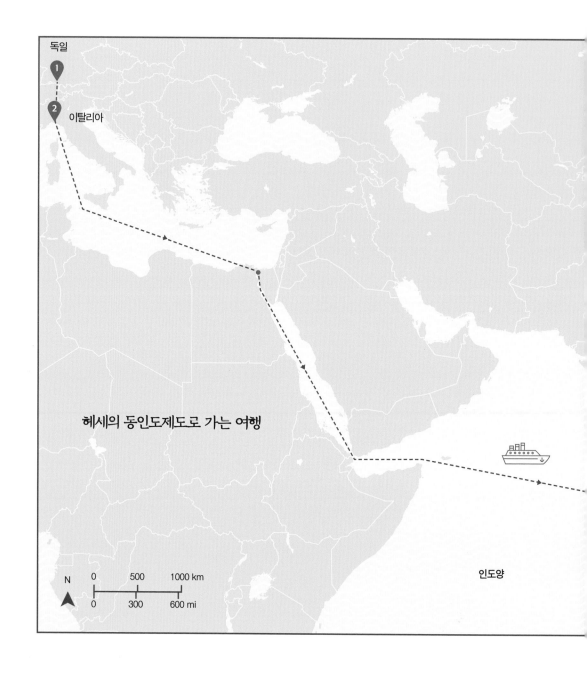

헤세의 동인도제도로 가는 여행

◀ 이전 페이지 : 스리랑카의
  코끼리

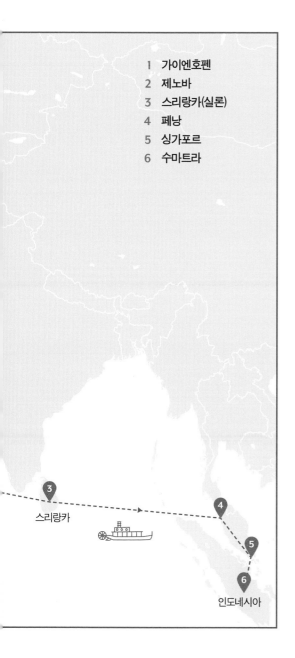

스리랑카

인도네시아

을 상징하는 것처럼 보였다.

몇 년 후 헤세는 동양에서의 첫 번째 기항지인 말레이시아 페낭을 사뭇 낭만적으로 묘사했다. 그는 이 아시아 도시의 굽이치는 생명력이 어떻게 자신들을 덮쳐왔고 인도양은 어떻게 "수많은 산호섬 사이에서 반짝였으며" 그곳에서 "거리의 생활이 보여주는 다채로운 구경거리들"과 "북적이는 골목들을 채운 거칠고 생기 넘치는 군중들", 그리고 "밤을 밝히는 촛불의 물결" 등을 "놀라움"과 함께 어떻게 바라보았는지 등을 회상했다. 그러나 사실 헤세는 황홀해하기보다는 역겨워했고, 냄새와 먼지, 가난과 끝없이 몰려오는 거지들, 그리고 노점상들을 싫어했다. 그리고 중국인들을 흠모하던 반면 말레이인들을 꺼렸는데, 어떤 이유에서인지 말레이인들은 호들갑이 심하고 식민지 압제자들에게 과도하게 아첨한다고 여겼다. 페낭에서 헤세와 슈투르제네거는 배를 타고 싱가포르로 넘어갔고, 헤세는 인력거를 타고 그 도시를 구경했다. 그리고 두 친구는 네덜란드 증기선을 타고 석노를 넘어 남수마트라에 내렸다.

헤세와 슈투르제네거는 즐겁게 수마트라를 떠나 스리랑카로 갔고, 수마트라와 비교해서 "나무고사리와 야자수가 늘어선 바닷가를 가진 천국의 섬"이라고 평가했다. 그러나 그곳의 날씨와 기후는 헤세와 전혀 맞지 않았고, 스리랑카 중부지방 수도였던 캔디에 이르자 레드와인과 아편으로 겨우 버티는 상태가 되었다. 부처의 치아를 보관 중인 거대한 절이 있는 성스러운 불교성지 달라다 말리가와까지 계획했던 순례길을 나서기에는 너무 아팠다. 그러나 간신히 버텨낸 헤세는 실론에서 가장 높은 산인 피두루탈라갈라에 오를 만큼 회복한 것처럼 보였다. 등산은 헤세의 활기를 북돋아주었으며, 또 가능한 빨리 아시아를 떠나고 싶은 욕구도 확실

▶ 독일의 프린츠 아이텔
프레드리히 호, 헤세를
태우고 이탈리아를
떠나 동인도제도까지
갔고 1915년 3월 미국
버지니아 주 뉴포트에
억류됐다.

해졌다. 그와 슈투르제네거는 싱가포르로 가는 중국 증기선인 마라스 호에 올랐고, 싱가포르에 도착해서는 사실상 유럽으로 돌아가는 가장 빠른 배를 잡아탔다. 인도에는 영영 가지 못했다. 그런데 혼란스럽게도 헤세는 아시아에서의 경험에 관해 부정적으로 기술한 기행문의 제목을 <헤르만 헤세의 인도여행>이라고 지었다.

헤세는 아시아에서 자신이 목격한 거의 모든 것들에 실망했다. 일찍이 그가 몰두했던 동양의 경전들, 즉 베다와 우파니샤드, 바가바드기타, 소승불교 경전 등은 귀국을 재촉했을 뿐이다. 《싯다르타》는 1919년에서 1922년 사이에 쓰였는데, 이때는 헤세가 알프레드 힐레브란트의 《브라마나와 우파니샤드로부터》를 접하게 된 시기다. 《싯다르타》는 그 독서의 산물로, 기원전 5세기의 인도를 배경으로 브라만교 사제의 아들이었던 싯다르타가 스스로 진실을 발견하기 위해 가족을 떠나야만 하는 서사를 그린 소설이다. 이 소설에서 그려지는 인도는 신화 속 장소다. 만약 헤세가 실제로 인도를 방문했더라면, 작품 속 배경을 그토록 아름답게 쓰지는 못했을 것이다.

▲ 화실 작업복을 입은
자화상, 한스 슈투르제네거
▶ 말레이시아 페낭의 말라카
해협에서 보는 일몰

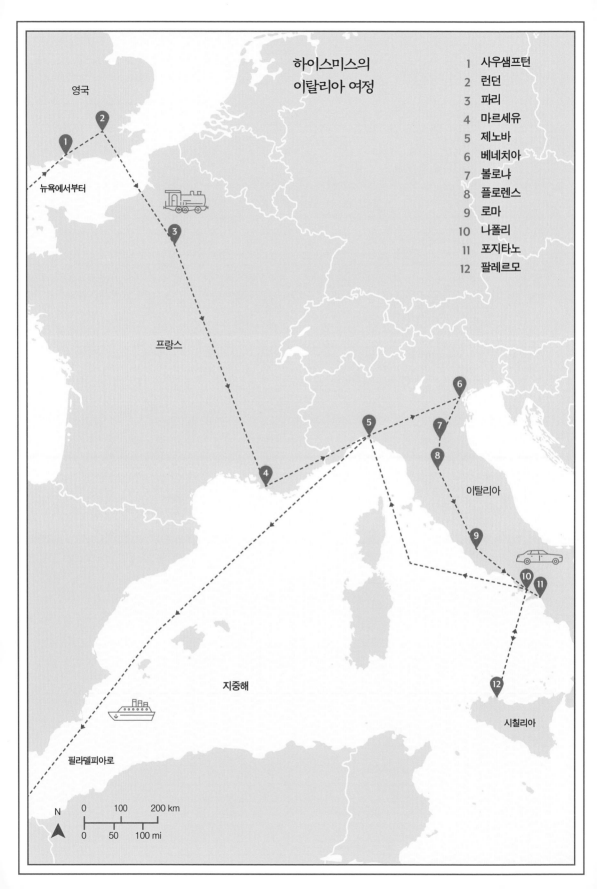

하이스미스의
이탈리아 여정

1 사우샘프턴
2 런던
3 파리
4 마르세유
5 제노바
6 베네치아
7 볼로냐
8 플로렌스
9 로마
10 나폴리
11 포지타노
12 팔레르모

영국

뉴욕에서부터

프랑스

이탈리아

지중해

시칠리아

필라델피아로

N

0   100   200 km

0   50   100 mi

퍼트리샤 하이스미스,
포지타노에서
알맞은 인물을 발견하다

Patricia Highsmith, 1921~1995

현대소설에서 가장 강렬한 창조물 가운데 하나는 단연코 퍼트리샤 하이스미스의 토머스 리플리다. 점잖고 성적으로 종잡을 수 없으며 변장에 능하고 도덕관념 없는 도둑이자 사기꾼이며 살인자인 이 자는 1955년 《재능 있는 리플리》로 처음 모습을 드러냈고, 5권으로 구성된 그녀의 연작소설에 등장했다. 첫 책에서 리플리는 전 구간 일등석 표와 1천 달러의 식사권을 받고 이탈리아로 파견된다. 부유한 미국 기업가의 방탕한 아들인 리처드 '디키' 그린리프를 찾아오기 위해서다. 그러나 이 소설은 우리가 지닌 악의 능력, 겉모습과 실제 간의 차이, 그리고 개인 정체성의 구성에 대해 의문을 불러일으킨다. 하이스미스는 카멜레온 같은 사이코패스 주인공과 자기 자신을 극단적으로 동일시해서 심지어 편지에 "팻 H. 가명은 리플리"라고 서명할 정도였다. 이 등장인물은 작가가 1952년 이탈리아 아말피 해변의 포지타노 마을을 두 번째로 방문하면서 마주친 현실의 사람에게서 영감을 얻으며 탄생했다.

미국 텍사스 주에서 태어난 하이스미스는 1949년 데뷔작 《열차 안의 낯선 자들》의 출판이 확정됐다는 소식을 듣자마자 난생처음 유럽과 이탈리아를 방문했다. 여비는 만화책 작가로 일하며 저축한 돈과 가족에게서 구걸해 낸 돈으로 마련했다. 항상 그런 것은 아니었지만 하이스미스는 주로 여자에게 매력을 느꼈다. 그러나 6월 4일 뉴욕을 떠나던 시점에서는 영국 작가 마크 브란델과 약혼한 상태였다. 대서양을 가로질러 영국 사우샘프턴으로 가는 퀸 메리 호에 오른 하이스미스는 삼등 객실로 여행하며 다른 네 명의 여성들과 객실을 함께 써야 하는 좌절감을 글로 쏟아냈다. 그리고 결국 결혼이 불가능하다고 판단하고 관계를 끝냈다.

유럽에서 동성 연인을 만나면서 하이스미스는 전통적인 결혼에 대한 진지한 생각을 버리고 싶다는 충동을 다시 느꼈다. 여행의 첫 구간인 런던에서는 계약 예정인 영국 출판업자 데니스 코헨과 배우 출신으로 지적이고 매력적인 그의 아내 캐스린을 만나 머물렀다. 캐스린은 하이스미스에게 관광지를 구경시켜주고 워릭셔의 스트래트퍼드어폰에이번에 있는 극장까지 동행했다. 작가는 이 연상의 세련된 여성에게 금세 홀딱 빠지고 말았다. 그러나 계획대로라면 하이스미스는 곧 영국을 떠나 유럽 본토로 들어가야만 했다.

런던 빅토리아 역에서 출발한 열차가 우선 하이스미스를 파리로 데려갔다. 그녀는 파리가 보여주는 불결함과 화려함 모두에 감탄했다. 파리에서 남쪽으로 마르세유까지 내려간 다음에는 제노바와 베네치아, 볼로냐, 피렌체와 로마 등의 이탈리아 도시로 이동했다. 로마에서 병을 앓으며 외로웠던 그녀는 캐스린에게 이탈리아로 와달라고 애원하는 편지를 썼고, 둘은 마침내 하이스미스가 계획했던 다음 목적지인 나폴리에서 만나기로 약속했다.

나폴리의 쓰러진 유적지와 들쑥날쑥하고 비위생적인 길거리는 소란한 삶으로 가득했다. 하이스미스는 이에 반해 즉각 황홀해졌다. 매일 교회 종소리와 개 짖는 소리, 차 경적 소리가 뒤섞인 불협화음이 해 뜰 무렵부터 해 질 때까지 계속 이어졌다. 9월 3일 캐스린이 나폴리에 도착했고 나흘 후 두 여인과 또 다른 친구 한 명은 차를 몰고 포지타노로 갔다. 하이스미스는 아말피 해변의 목가적인 어촌 포지타노를 "바위로 테두리를 두른 이상적인 작은 만▲"이라고 묘사했는데, 이곳은 그녀의 인생과 창조적 결과물에서 독특한 위치를 차지하게 됐다. 캐스린과 하이스미스는 이 첫 여행이 있고 얼마 지나지 않아 연인이 되었다. 이 잠깐의 연애는 다음 기항지인 시칠리아에서 돌아오는 배 위에서 불타올랐고 나폴리에서 몇 주 동안 계속되었다. 그 후 9월 23일 하이스미스는 배를 타고 제노바에서 필라델피아로 되돌아갔다.

그러나 겨우 3년이 지난 후, 하이스미스는 새로운 애인인 엘렌 힐과 함께 돌아왔다. 힐은 하이스미스가 술을 많이 마시고 집안을 단정하게 정리하지 못한다고 잔소리를 했다. 전기작가 앤드류 윌슨이 "처음부터 고문 같은" 관계라고 묘사했던 둘은 1952년 6월 초 피렌체에서 포지타노까지 여행했으며, 이는 이후 2년으로 연장된 유럽 순회 여행의 일부가 되었다. 포지타노에서는 호텔 알베르고 미라마레에 짐을 풀었는데, 이 호텔은 살레르노 만과 지중해가 한눈에 들어오는 아름다운 광경을 자랑했다. 이 아늑한 곳에서 머물던 어느 날 아침 6시, 하이스미스는 발코니에 나갔다가 어떤 사람이 저 아래 바닷가 모래 위를 홀로 걷고 있는 모습을 보았다. "모든 것이 근사하고 고요했으며, 내 뒤편으로는 절벽들이 우뚝 솟아있었다… 그러다가 반바지에 샌들을 신고 어깨 위에 수건 하나를 걸친 어느 외로운 젊은 남자가 눈에 들어왔다… 애수 어린, 어쩌면 불안한 분위기가 묻어나는 남자였다." 하이스미스는 이 남자를 다시는 보지 못했고 그의 이름조차 알 수 없었지만, 그 이미지는 그녀의 뇌리에 박혀 2년 후 토머스 리플리의 기반이 되었다.

포지타노는《재능 있는 리플리》에서도 마땅히 자기 자리를 차지했다. '몬지벨로'라고 이름 붙은 이 마을은 리플리가 감언이설로 디키 그린리프와 여자 친구 마지의 삶에 스며드는 곳이다. 디키와 마지는 이곳의 집을 부유한 금수저들만 알고 있는 근거지 겸 해안 별장, 그리고 한껏 나태해질 수 있는 평온한 장소로 삼았다. 슬프게도, 오늘날 포지타노는 하이스미스의 시대처럼 평온하지 못하다. 1990년대 후반 영화 <리플리>를 연출한 앤서니 밍겔라는 아말피 해안 전체가 개발로 인해 지나치게 훼손되어 영화 배경으로 적절치 않다고 판단했다. 그리고 포지타노를 대신해 몬지벨로 장면을 촬영할 장소로 이스키아 섬과 프로시다 섬을 골랐다.

▶ 나폴리
▶ 다음 페이지 : 이탈리아 포지타노

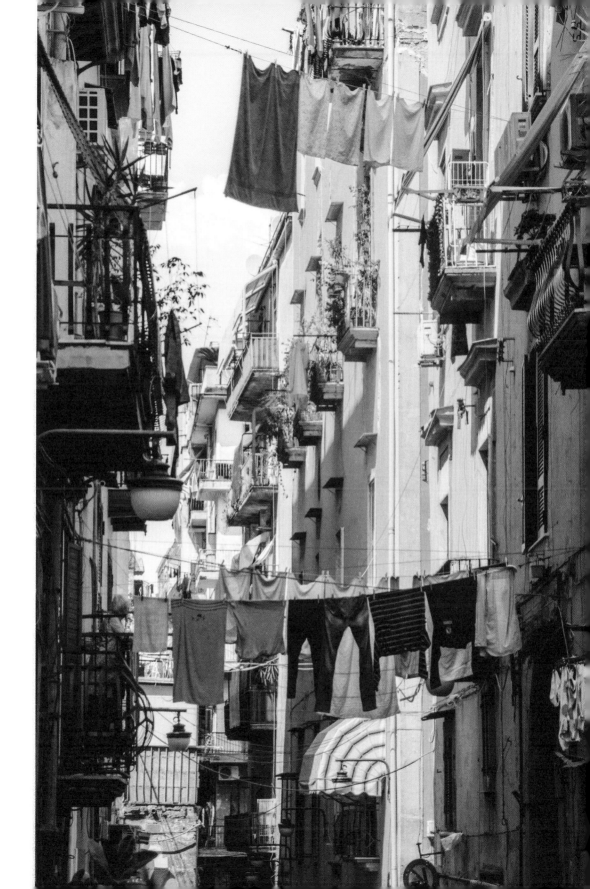

조라 닐 허스턴,
자메이카와 아이티에서
주술에 걸리다

Zora Neale Hurston, 1891~1960

조라 닐 허스턴은 제1차 세계대전 직후 뉴욕에서 아프리카계 미국인 작가와 시인, 극작가, 화가와 음악인들이 번창했던 시기, 즉 할렘 르네상스의 일원이다. 할렘 르네상스는 흑인들의 경험에 목소리를 입히는 작품들을 창조해 내고, 백인의 고정관념과 편견을 배제하고 아프리카의 유산과 교감하는 데에 헌신했다. 허스턴은 1920년대 연극계에서 자신의 이름을 알리기 시작했으며, 시인 랭스턴 휴즈 등과 협업했다. 그러나 그 후 10년 동안 그녀는 호평받는 소설가이자 선구적인 민속학자로서 훨씬 더 큰 국제적인 명성을 얻었다.

버나드 컬리지에서 녹일계 미국인 인류학자 프란츠 보아스의 제자였던 허스턴은 할렘 자체에서 초기 인류학 현장 연구를 실시했다. 1927년 보아스의 격려를 받으며 미국 남부의 흑인 전통문화를 조사하기 위해 고향인 플로리다로 돌아간 허스턴은 이를 통해 첫 논픽션 《노새와 인간》의 소재를 얻을 수 있었다. 이 책은 허스턴의 데뷔작이자 반자전적인 소설인 《요나의 박 넝쿨》이 발표되고 겨우 일 년 후에 출간됐다. 당연하게도 대부분의 배경은 플로리다와 흑인들로만 구성된 지방자치구인 그녀의 고향마을 이턴빌이었다.

1936년 3월 16일, 작가는 구겐하임 재단으로부터 '서인도제도 니그로 인종들의 주술행위 연구'를 위해 2천 달러의 보조금을 받게 됐다는 소식을 들었다. 오랫동안 염원하던 이 프로젝트 덕에 그녀는 16개월 가까이 미국을 떠났고, 자메이카와 아이티에서 거의 1년을 보냈으며, 후에 아이티로 돌아와 1937년 3월부터 9월까지 넉 달을 더 머물며 이 섬의 부두교 풍습에 몰두했다. 그러나 출발 전에 허스턴은 사적인 문제를 먼저 해결해야만 했다. 40대 중반에 세 번의 이혼을 겪은 허스턴은 약 스무 살 연하의 컬럼비아 대학원생 퍼시 펀터와 격정적인 연애 중이었다. 후에 그녀는 이 관계를 "내 인생의 진짜 연애"라고 묘사했다. 펀터는 허스턴이 자신과 결혼해서 일을 포기하고 뉴욕 외곽에서 가정을 꾸려주길 바랐다. 허스턴은 어렵게 싸워서 얻어낸 개인적이고 직업적인 독립을 잃는다는 건 상상조차 할 수 없었고, 이 여행이 로맨스를 끝낼 때가 왔음을 의미한다고 생각했다.

허스턴은 뉴욕을 떠나 카리브 해를 항해했고 1936년 4월 13일 아이티에 내렸다. 아이티의 수도 포르토프랭스에서 하루 동안 짧게 머물면서, 그녀는 관련 당국에 6개월가량 머문 후 돌아올 것이라고 설명하고 당시 여전히 영국 식민지였던 자메이카로 가는 배에 올랐다. 그녀는 자메이카의 다양한 아프로 카리브인 공동체 사이에서 벌어지는 인종 갈등과 흑인 여성들이 살아가는 빈곤 지역을 보고 큰 충격을 받았다. 해안 산악지대인 세인트 메리 구에서 만난 한 남자는 커리어를 추구하는 여성이 "그저 쓰레기일 뿐"이라고 주장했다.

그런데도 허스턴은 학문적인 자격을 가지고 방문한

미국인으로서 대개는 자메이카의 여성들보다 존경받
았고 그 어떤 여성도 받아보지 못한 영예를 누렸다. 세
인트 메리 구가 그녀에게 경의를 표하기 위해 기념행사
를 열고 염소를 도살한 것이다. 풍부하게 향신료를 넣
은 염소요리를 내는 이 연회는 전통적으로 달빛 아래서
진행되었으며 이 구역에서는 중요한 행사였다. 마찬가
지로 부두교 치료 주술사들로부터 정기적으로 이야기
를 들을 수 있었고, 죽은 자들이 무덤에서 일어나지 않
게 막으려고 진행하는 행사인 아홉 밤의 의식에도 두
차례 참여했다.

자메이카에서 보낸 마지막 3개월 동안 그녀는 대부
분 마룬의 주거지역에서 머물렀다. 마룬이란 자유를 얻
기 위해 싸우고 그 이후로 다시 잡히거나 동화되는 것
을 거부한 옛 노예들로 구성된 전사 계층이다. 이들은
수풀이 무성한 세인트 캐서린 산악지대 높은 곳에 자리
한 에컴퐁에 살았다. 마룬의 우두머리는 허스턴이 자신
들의 머나먼 촌락에 올 수 있게 도우려고 정말 고집 센
염소를 보냈다. 이번에도 허스턴은 일반적인 성 구분에
저항하며 정글 깊숙한 곳까지 돼지사냥을 떠나는 남자
들과 동행했고, 발에는 엄청난 물집이 남았다.

그러나 자메이카에서 허스턴이 겪은 가장 불운한 사
건은 이 섬의 수도에서 벌어졌다. 킹스턴의 한 식당에
서 간단히 점심을 먹는 동안 상당한 액수의 돈이 든 지
갑은 물론, 킹스턴의 바클레이 은행 지점에서 구겐하임
자금에 접근할 수 있도록 위임한 신용전표까지 몽땅 도
난당한 것이었다. 수중에는 땡전 한 푼 남지 않은 허스
턴은 거들먹거리는 은행 창구 직원에게 은행 계좌에 접
근할 수 없다고 거절당했고, 어쩔 수 없이 새로운 신용
전표가 도착할 때까지 버틸 자금을 받으려고 돈을 빌려
뉴욕에 전보를 쳐야 했다.

자메이카에서 겪은 흥미로운 (그리고 격분한) 사건들

허스턴이
자메이카와 아이티에서 보낸 시간

자메이카

N
0   50   100 km
0   25   50 mi

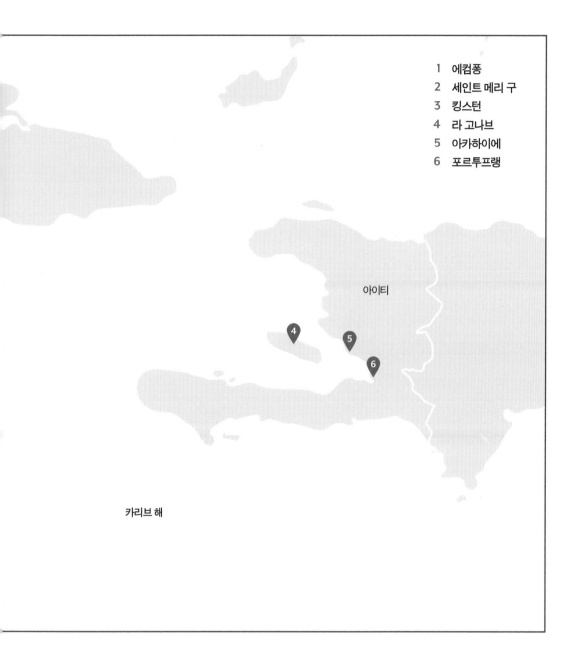

1 에컴퐁
2 세인트 메리 구
3 킹스턴
4 라 고나브
5 아카하이에
6 포르투프랭

아이티

카리브 해

◀ 이전 페이지 : 자메이카
킹스턴 방향으로 본
블루마운틴의 전망

은 아이티의 발꿈치에도 미치지 못했다. 9월 23일 포르토프랭스로 돌아온 지 몇 주 지나지 않아 허스턴은 구겐하임 재단 간사에게 편지를 써서 아이티에 더 오래 머물며 종교 행위에 관한 정보들을 수집할 수 있도록 두 번째 보조금을 받을 수 있는지 물었다. 그녀는 그곳에서 보고 듣는 것들에 가끔은 압도당했고, 복잡한 부두교 신들의 체계와 그 신들이 다양하게 부리는 변덕에 대한 충실한 지식을 얻으려고 부단히 노력했다. 그리고 사제와 수완가들, 광신도들의 행위들을 직접 목격하면서 자신이 인정사정없이 남겨두고 온 사랑을 새삼 떠올리게 됐다. 허스턴은 현장에서 특히나 긴 하루를 보내고 돌아왔을 때, 기진맥진하면서도 여전히 싱숭생숭한 마음을 품고 소설을 쓰기 시작했다. 펀터와의 연애를 끝내버린 방식을 후회하고 자기 결정권에 대한 욕구를 설명할 수 있길 바라며 쓴 이 소설은, 이턴빌 출신의 영리한 흑인 여성인 제니 크로포드가 자주성과 충만한 연애 생활을 찾아 떠나는 불운한 모험을 다뤘다. 허스턴은 단 7주 만에 맹렬한 속도로 씨 내려가서 12월 19일 탈고했고, 곧 《그들의 눈은 신을 보고 있었다》의 원고를 미국의 출판업자에게 보냈다. 그리고 포르토프랭스보다 조금 서쪽에 있는 라 고나브 섬에서 크리스마스 휴가를 보내기 위해 서둘러 떠났다.

아이티 본토로 돌아와 그녀는 아카하이에로 향했다. 그곳에서 부두교의 최고위 사제 중 하나인 전설의 디에우 도네즈 세인트 레게르에게 가르침을 받았으며, 아마도 여러 성례들 중에서도 비둘기와 닭을 제물로 바쳐서 최근에 죽은 사람을 되살려내는 의식을 목격했던

▲ 1937년 3월 자메이카 킹스턴의 웨스트 퀸 스트리트

것 같다.

허스턴은 1937년 3월 초 아이티를 떠나 미국으로 갔고, 뉴욕에 돌아오자마자 자신의 출판업자가 새 소설을 극찬하며 그해 가을께 출간하려고 한다는 것을 알게 됐다. 그녀는 똑같은 출판사를 통해 카리브 해를 누빈 여행을 다룬 책(그 후 1938년 《나의 말에게 전해줘》라는 제목으로 출간됐다)을 내기로 계약했지만 우선 아이티로 돌아가 연구를 끝내고 싶었다. 여권 문제로 두 번째 방문은 두 달간 미뤄졌으나, 아이티로 돌아간 후에는 부두교와 좀비에 대해 새로이 파고들었다. 이 연구들을 마친 허스턴은 귀국을 위해 배에 올랐고, 9월 말 뉴욕에 도착하니 《그들의 눈은 신을 보고 있었다》가 장안의 화제가 되었음을 깨달았다. 일부 남성 비평가들의 무시와 우월감 섞인 비평을 넘어서, 이 소설은 아프리카계 미국인 페미니즘 문학사상 가장 중요한 작품 가운데 하나가 됐다.

◀ 1937년 혼타Hountar 혹은 마마 드럼Mama Drum을 치고 있는 조라 닐 허스턴

잭 케루악,
처음으로
길 위에 서다

Jack Kerouac, 1922~1969

잭 케루악은 훗날 비트 세대 작가를 대표하게 된 인물이자 미국 전역에서 수백만 명이 저마다 자유분방한 장거리 자동차여행을 시작하도록 부추긴 소설《길 위에서》를 쓴 작가다. 1947년 여름 그는 뉴욕에서 옛 사립고등학교 친구인 헨리 '행크' 크루와 재회했다. 크루는 샌프란시스코로 가는 길이었고, 그곳에서 책임 전기기사로 배에 오를 예정이었다. 그는 케루악에게 서부로 넘어와 자신의 조수로 일해보지 않겠느냐 권했고, 이 제안은 데뷔작《마을과 도시》의 고통스러운 원고를 간신히 절반쯤 마친 잭에겐 도피의 기회이자 심지어는 핑계가 되었다.

7월 17일 케루악은 자기 집인 퀸스 오존파크의 크로스베이 가 133-01번지에서 나와 세븐스 애비뉴 역에서 지하철을 타고 모닝사이드 하이츠와 할렘을 거쳐 종착역인 브롱크스 242번가로 갔다. 그리고 전차(트롤리버스)를 타고 용커스로 향했다. 케루악은 훗날 제한 없는 자유로운 표현을 지지하고 비밥 재즈연주가들의 거친 즉흥연주를 모방하려 애쓰는 작문 형식인 소위 '자발적 산문'을 옹호하는 작가가 됐지만, 적어도 그의 여행계획만큼은 정확하고 꼼꼼했다. 추가 비용이 발생할 가능성을 살피는 회계사처럼, 그는 빨간 펜을 들고 여행경로를 계획했다.

주머니 사정이 뻔했기 때문에 케루악은 캘리포니아로 가는 길에 상당한 구간을 히치하이킹으로 이동하기로 결심했다. 그는 허드슨 강을 따라 엄지손가락을 들어 몇 차례 차를 얻어 탄 후 뉴욕 북쪽으로 80킬로미터 정도 떨어진 6번 국도 입구에 도착했다. 이곳은 도시에서 갑작스레 코네티컷 시골로 접어들면서 애팔래치안 트레일이 시작되는 지점이었다. 하지만 폭풍우로 인해 길은 텅 비어 있었고 케루악은 창피한 기분으로 뉴욕과 펜 역으로 돌아와 어쩔 수 없이 시카고행 그레이하운드 버스표를 살 수밖에 없었다. 이 경험은《길 위에서》에서 "울고불고하는 아기들과 뜨거운 태양, 그리고 펜실베이니아 주 소도시를 지날 때마다 올라타는 시골 사람들로 가득 찬" "보통의" 버스 여행으로 묘사되며 "오하이오 평원에 들어선 뒤 정말로 덜컹덜컹 앞으로 나아갔고, 그 후 애슈터뷸라 시까지 올라갔다가 인디애나 주를 똑바로 가로질렀다."고 표현됐다.

시카고에서 케루악은 YMCA의 싸구려 방을 잡은 뒤 시카고 최고의 재즈 구역이 있는 도심지역 룹으로 부리나케 달려갔다. 이런저런 버스를 옮겨 탄 끝에 마지막 버스는 그를 졸리엣에 내려주었고, 그곳에서 일리

노이 주 경계까지 데려다줄 트럭 운전사를 성공적으로 구했다. 이후 우연히 아이오와 주 데번포트까지 운전을 도와줄 사람이 필요하던 중년의 여성을 만났는데, 데번 포트는 케루악이 숭배하는 재즈음악가 빅스 바이더백의 고향이었다. 이 구간을 여행한 덕에 그는 처음으로 미시시피 강을 접했고, 이 경험은 《길 위에서》에서 "미국의 벌거벗은 몸 같은" 냄새가 났다고 묘사됐다.

7월 28일 그는 친구 닐 캐서디의 고향인 콜로라도 주 덴버에 도착했다. 닐 캐서디는 자유롭게 사는 전직 사기꾼이자 감옥을 제집 드나들 듯 다니면서도 아름다운 편지를 썼던 작가로서, 케루악에 의해 《길 위에서》의 딘 모리아티, 그리고 다른 작품의 코디 포머레이로 영원히 남게 됐다. 이 시기 캐서디는 로맨틱하고 복잡한 삼각관계에 휘말려 있었고, 그와 동시에 아내 루앤, 시인 앨런 긴즈버그, 그의 새 애인이자 미래의 두 번째 아내 캐롤린 로빈슨과 함께 잤다. 이러한 정사情事 이외에도 정규직으로 일하느라 바빴기에, 케루악은 편지를 주고받는 영적인 소울메이트와 겨우 스치듯 만날 수 있었다.

덴버에 도착한 지 24시간 만에 케루악은 어머니에게 샌프란시스코까지 갈 수 있는 버스표를 사게 25달러만 보내달라고 애원하는 절절한 편지를 썼다. 이미 돈은 다 떨어졌고 로키산맥과 그레이트 베이슨, 시에라 네바다 등 산과 사막지대를 건너가기 위해 누군가가 태워줄 가능성은 희박했으며, 더군다나 위험했다.

마침내 어머니가 보낸 돈이 도착하자 그는 다시 출발했고 버스 창문 너머로 솔트레이크 시티와 네바다 주의 리노를 구경했다. 캘리포니아 주 트러키를 통과하고 나서 길을 달리는 동안 케루악은 깜빡 잠이 들었다가 버스가 샌프란시스코의 마켓과 4번가로 접어들 때에야 깼다. 샌프란시스코의 언덕 많은 거리들을 돌아다닌 뒤

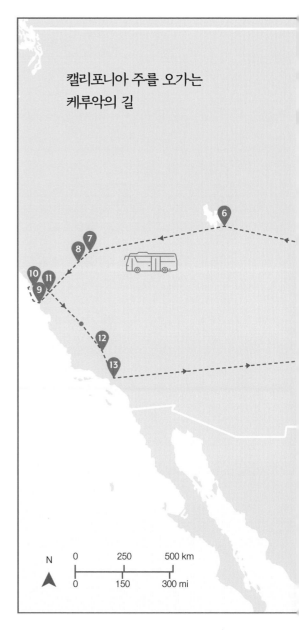

캘리포니아 주를 오가는
케루악의 길

그는 골든게이트 브리지를 건너 마린 카운티로 넘어갔고 그곳에서 크루와 다시 만났다. 그러나 크루는 약속했던 일자리 대신 소살리토 경찰서에서 안전요원으로 자신과 함께 일하자고 제안했고, 급료 역시 빈약했다.

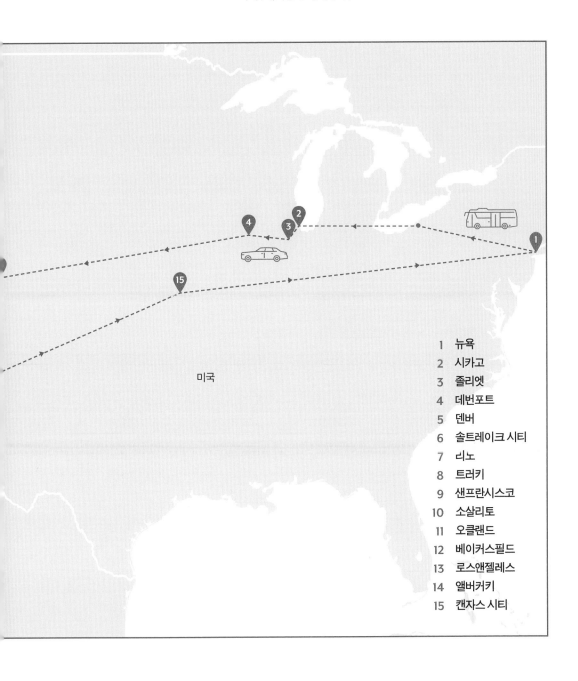

미국

1 뉴욕
2 시카고
3 졸리엣
4 데번포트
5 덴버
6 솔트레이크 시티
7 리노
8 트러키
9 샌프란시스코
10 소살리토
11 오클랜드
12 베이커스필드
13 로스앤젤레스
14 앨버커키
15 캔자스 시티

◀ 이전 페이지 : 시카고의
더 루프

다만 제복을 입고 배지를 달며 총과 경찰봉을 소지할 수 있는 특전이 딸려 왔다.

9월 말 케루악은 법을 집행하는 일에 신물이 나서 자신의 배지를 반환했다. 타말파이어스 산을 등산하고 난 뒤 그는 작별 인사를 고하고 동부로 이동 방향을 잡았다. 10월 14일에는 오클랜드에 있었고 거기서 샌 와킨 밸리를 거쳐 베이커스필드로 천천히 움직였다. 히치하이커를 태워줄 차들을 찾는 데에 다시 한번 실패하자 그는 버스터미널로 가서 로스앤젤레스로 가는 표를 샀다. 버스에서 케루악은 폭력을 행사하는 남편에게서 도망친 젊은 멕시코 여성 베아 프란코를 만나 연애를 시작했다. 이 커플은 처음엔 할리우드의 메인 스트리트에 있는 한 호텔에서 지내다가, 나중에는 뉴욕에 정착할 돈을 모으기 위해 함께 포도와 목화를 수확하는 일을 하기도 했다. 둘은 이런저런 가정사가 해결되고 나면 프란코가 케루악을 따라 뉴욕으로 가겠다는, 그 누구도 지켜지리라 믿지 않은 그런 약속을 하고 헤어졌다. 그리고 프란코는《길 위에서》의 테리로 소설 상에 등장하게 된다.

케루악은 다시 한번 버스를 타고 로스앤젤레스에서 뉴 멕시코 주의 앨버커키, 그리고 캔자스시티로 빠르게 움직였고, 그곳에서부터 동부로 달려 1947년 10월 29일 뉴욕에 안전하게 도착했다. 그의 여행은 끝났지만 케루악의 개인적인 여정은 이제 막 시작됐을 뿐이었고, 몇천 킬로미터를 더 여행하고 나서야《길 위에서》는 독자들에게 공개될 준비를 마칠 수 있었다.

▲ 위 : 1952년 닐 캐서디와 잭 케루악의 초상
▲ 아래 : 솔트레이크 시티
▶ 미국 캘리포니아 주 마린 카운티

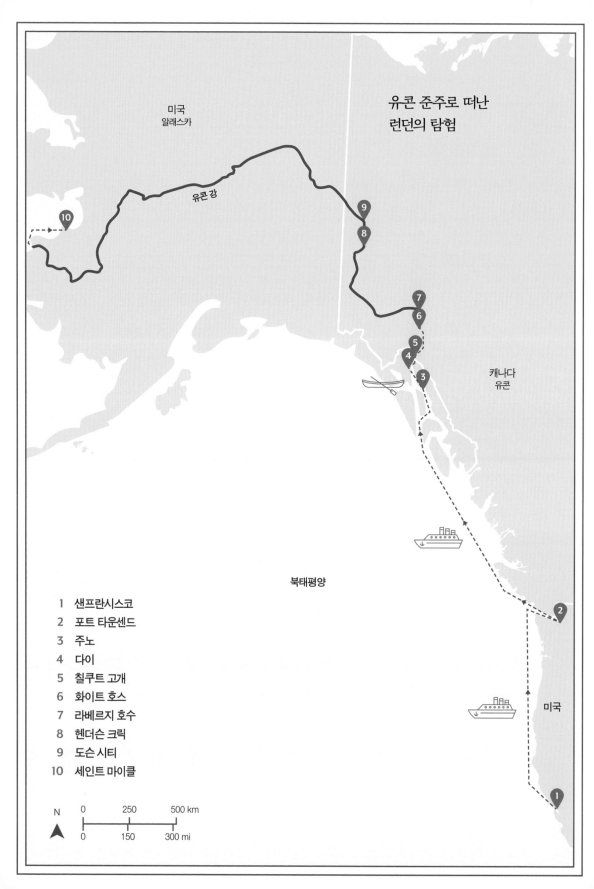

유콘 준주로 떠난
런던의 탐험

미국
알래스카

유콘 강

캐나다
유콘

북태평양

1 샌프란시스코
2 포트 타운센드
3 주노
4 다이
5 칠쿠트 고개
6 화이트 호스
7 라베르지 호수
8 헨더슨 크릭
9 도슨 시티
10 세인트 마이클

N

0   250   500 km
0   150   300 mi

잭 런던,
클론다이크에서
사금을 채취하다

Jack London, 1876~1916

잭 런던은 훗날 털어놓았듯 캐나다 유콘 준주에서 금을 찾아다니는 짧은 순간에 아무것도 깨닫지 못했더라면 "여행에 의지해… 겨우 생계를 꾸려나갔을 것"이다. 그는 그곳에서 보고 들은 것들로부터 평생의 이야깃거리를 얻었다. 클론다이크를 떠난 지 2년 만에 런던은 미국에서 가장 돈을 많이 버는 작가 중 한 명이 되었고 '미국의 키플링'이라고 호평받았다. 그가 가장 아끼고 독자들로부터 지속적으로 사랑받는 책《야성의 부름》과《늑대 개》뿐 아니라 다른 많은 소설과 단편들은 모두 유콘에서 보낸 시간 동안 쓰였다.

유콘에서 금이 발견됐다는 소식을 듣고 북쪽으로 간 약 10만 명(주로 남자였다) 중 하나였을 때, 런던은 고작 스물한 살이었다. 유콘은 캐나다의 광활하고 머나먼, 사람도 거의 살지 않고 극도로 접근하기 어려운 지역으로, 빙하로 덮인 산지와 강, 그리고 빽빽한 가문비나무 숲으로 이뤄졌다. 비교적 젊은 축이었음에도 런던은 이미 지난 8년간 깡패와 선원, 방랑자, 막노동꾼, 학생, 그리고 신참 기자 등으로 다양한 삶을 살아왔다. 사실 그는 자신이 기사를 기고하던 어느 캘리포니아 신문사에 자신을 특파원으로 고용하여 이 북쪽 금광지대로 여행을 떠날 수 있도록 돈을 대 달라고 설득하려 했지

만 소용없었다. 결국 런던보다 육십 살 많은 매부인 캡틴 제임스 셰퍼드가 '클론디사이티스Klondicitis'라는 별명이 붙은 골드러시 추종자들에게 휩쓸려 런던과 함께 가길 원했고, 이 모험에 돈을 대기 위해 아내의 집을 (듣자 하니 아내의 동의를 받고) 저당 잡혔다.

곧 닥칠 북극 날씨에 대비해 둘은 "모피를 안감으로 댄 코트와 모피 모자, 무거운 장화, 두터운 엄지장갑, 그리고 빨간 플란넬 셔츠와 가장 따뜻한 속옷들"을 사들이는 데에 돈을 아끼지 않았다. 또한 채굴과 야영에 쓸 장비(텐트, 삽, 도끼, 담요, 난로 등)를 구입해야만 했다. 일 년치 식량과 비축 물품을 가지고 온 사람들만 영토에 들어올 수 있게 허용하는 것이 캐나다 정부의 규정이기도 했다. 두 남자가 합의를 본 거래에서 런던은 이 모든 물자를 채굴지로 끌고 가는 가장 큰 역할을 맡기로 했다.

채굴용 작업복을 입고 장비들을 잔뜩 챙긴 런던과 셰퍼드는 1897년 7월 25일 우마틸라 호에 꾸역꾸역 올라탔다. 그리고 샌프란시스코에서 출발해 시애틀보다 북쪽으로 55킬로미터 더 올라가 워싱턴주 포트 타운센드까지 이동했다. 포트 타운센드에서 이들은 황금을 찾아 떠나는 동료들로 그득한 또 다른 배인 시티 오브 토페카 호에 합류해 알래스카주 주노로 갔다. 항해 중에

비슷한 생각을 가진 세 명의 남자들인 제임스 '빅 짐' 굿맨, 아이라 슬로퍼, 프레드 C. 톰슨과 가까워지면서 런던과 셰퍼드는 함께 채굴 모임을 결성하기로 합의했다. 하룻밤 사이에 부자가 되겠다는 꿈을 안고 북쪽으로 몰려간 대부분의 바보와는 달리 굿맨은 숙련된 광부이자 사냥꾼이었다. 슬로퍼는 목수로서 손기술을 가지고 있었고, 톰슨은 과묵한 전직 법원 서기로 꼼꼼하고 체계적인 정리에 능한 자였다. 톰슨은 클론다이크로 가는 여정을 기록하는 일기를 썼기 때문에, 런던의 후기 소설에서 사실과 허구를 구분하고 싶은 사람들은 언제나 그에게 감사하고 있다.

8월 2일 주노에 도착한 이 패거리는 카누를 가진 틀링깃 미국 원주민들을 고용했고, 3일간 노를 저어 160킬로미터 길이의 피오르를 이동한 끝에 다이에 도착했다. 이제 이들 앞에는 칠쿠트 트레일이 기다리고 있었고, 여행의 과정은 험난해졌다. 칠쿠트 트레일은 캐나다와 알래스카 국경의 칠쿠트 고개 정점에 도달하려고 구불구불한 길을 올라야만 하는, 무자비한 산길이었다. 여행에 접어든 지 고작 9일 만에 셰퍼드는 이미 허약한 심장과 류머티즘으로 고통받고 고군분투하다가 집으로 돌아가 버렸다. 그의 자리는 곧 산타 로사 호에서 만난 절름발이 노인 마틴 타르워터가 채웠는데, 타르워터는 이 패거리에 합류하기 위해 요리와 청소, 조수 역할 등을 맡겠다고 제안했다. 런던은 훗날 자신의 자전적인 이야기인 《고대의 아르고스처럼》에서 그를 소설 속 인물로 등장시켰다.

같은 달 말에 이들은 칠쿠트 고개에 도착했고 캐나다에 입국해도 좋다는 허가를 받았다. 이제 해야 할 일은 보트를 만들고 유콘 강에 도착하기 위해 연이은 호수와 둘레길을 헤치고 나아가는 것이었다. 그리고 그로부터 도슨 시티를 향해 북쪽으로 가는 800킬로미터의

여정이 물 위로 시작됐다. 벌써 겨울이 되었기에, 이들은 시간과의 경기에 임하게 됐다. 강이 얼어버리면 다시 봄이 올 때까지 통행할 수 없게 되므로, 그전에 도착해야만 했기 때문이다.

시계가 똑딱거리며 흘러가는 동안 이들이 내린 가장 위험한 결정은 박스 캐년과 화이트호스에서 바람을 안고 급류 위로 배를 몰기로 한 것이었다. 거품이 이는 화이트호스의 폭포는 '60마일 강'으로 알려진 유콘 강의 지류로, 그다음 해에만 적어도 150척의 배가 난파됐다고 기록되어 있었다. 그러나 런던이 키를 잡자 배(선박 세례식을 하고 '유콘 벨르'란 이름도 붙였다)는 쉽게 화이트호스를 빠져나가 라베르지 호수까지 빠르게 움직였다. 여기에서는 심한 북풍과 눈보라가 이들의 전진을 가로막았지만 일주일에 걸쳐 호수를 건넌 뒤, 마침내 유콘 벨르 호는 유콘에 도착 전 마지막 지류인 '30마일 강'에 들어섰다. 10월 2일이었다.

7일 후 도슨 시티에서 남쪽으로 겨우 128킬로미터 떨어진 지점에 도착한 이들은 스튜어트 리버와 헨더슨 크릭 어귀에 있는 한 섬에서 버려진, 하지만 머물만해 보이는 허드슨 베이 컴퍼니 소유의 오두막을 발견했다. 기온이 떨어지고 유콘 강이 이미 얼어붙기 시작했기에, 이들은 겨울 동안 이 오두막에 머물기로 결심했다. 짐을 풀고 폭 3미터, 너비 3.5미터의 오두막을 한껏 정돈한 뒤 탐사에 나섰는데, 굿맨은 냄비 안에서 희망 섞인 사금의 반짝임까지 찾아냈다.

유콘 강이 여전히 얼지 않고 흐르는 동안 런던과 톰슨은 불하 신청지를 정식으로 제출하고 새로운 소식과 추가적인 물품들을 가져오기 위해 도슨 시티로 떠났다. 그러던 중 런던과 톰슨은 루이스와 마샬 본드가 머무는

▶ 미국 알래스카 주 주노

오두막 옆에 잠시 멈춰서 야영을 하게 되었는데, 이 형제는 예일 대학교 졸업생이자 캘리포니아에서 가장 부유한 남자인 히람 길버트 본드 판사의 자손이었다. 그럼에도 클론다이크로 떠나는 전형적인 부랑자들처럼 처음부터 턱수염을 수북이 기르고 있었던 본드 형제는 작가의 달변과 매력적인 성격에 금세 빠지고 말았다. 그들은 세인트버나드와 스카치 셰퍼드 사이에서 태어난 잭이라는 개를 데려왔는데, 잭은 《야성의 부름》에 등장하는 동물주인공 벅의 모델이 되었다.

도슨 시티는 세워진 지 겨우 1년밖에 안 된 지역으로, 그런 마을들이 그러하듯 시설 대부분은 모험가들의 저렴한 취향을 만족시키는 데에 맞춰져 있었다. 런던은 6주 동안 대부분 엘크혼과 엘도라도의 술집을 드나들며 온정을 느끼고 사람들과 어울렸다. 또 중요한 사실은 고참들로부터 채광촌에서 살아가는 불운한 이야기들을 끌어냈다는 것이다. 다른 이들의 말에 따르면 런던은 대화에 능할 뿐 아니라 남의 이야기에 귀를 잘 기울였으며, 그러한 성격 덕에 온갖 사람들이 기꺼이 그에게 속내를 털어놓았다.

마침내 그와 톰슨이 어쩔 수 없이 헨더슨 크릭으로 돌아가서 채광 동업자들과 다시 만나야 하는 때가 찾아왔다. 그들은 매서운 영하의 온도 속에 얼어붙은 유콘 강을 따라 여행했다. 일행은 얼어붙은 환경 속에서 비좁고 답답한 집에 감금되어, 딱딱하고 시큼한 빵과 콩, 베이컨 기름과 그레이비로 된 식단으로 연명해야만 했다. 신선한 채소를 섭취하지 못한 탓에 모두가 괴혈병에 걸리기까지 했다.

◀ 1897년 알래스카 골드러시 동안 칠쿠트 고개를 넘는 황금 채굴자들을 그린 삽화

한정된 재료를 아낌없이 쓰려는 런던의 성격 탓에 슬로퍼와 언쟁이 일었다. 더 이상 참을 수 없었던 그는 결정적으로 슬로퍼의 얼음 깨는 도끼를 망가뜨렸고, 다른 세 명과 함께 이웃한 오두막으로 강제로 옮겨가야 했다. 이 사건에서의 갈등과 긴장은 단편 <머나먼 땅에서>에 그대로 쓰였는데, 클론다이크의 어느 오두막에서 겨울 동안 갇혀버린 두 남자는 결국 서로를 죽이고 만다.

1898년 5월 유콘에 따뜻한 기운이 찾아오면서 런던과 새로운 오두막의 동거인들은 집을 해체하고 이를 뗏목으로 바꿔 도슨 시티까지 타고 갔다. 이들은 이 통나무를 팔아서 600달러쯤 벌었고, 작가는 날감자를 먹고 레몬주스를 마시며 괴혈병 증세를 치료했다. 6월 8일 런던은 도슨을 떠나기로 결심했고, 다른 두 명의 남자들과 함께 작은 보트에 올라 유콘 강을 따라 2,400킬로미터 이상 노를 저어 베링 해로 나갔다. 강을 따라 거의 한 달여를 힘겹게 여행한 뒤 이들은 6월 말 알래스카 해변의 세인트 마이클에 정박했다. 샌프란시스코로 가는 승기선에 석탄화부로 이틀을 놀던 년년은 1898년 7월 말 오클랜드의 집으로 돌아왔다. 몸은 망가지고 무일푼이 되었지만 머릿속은 그 후 18년 동안 사람들에게 들려주고 팔아먹을 수 있을 이야기들로 가득했다.

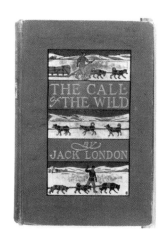

▶ 1903년 《야성의 부름》 표지

1 스몰스 파라다이스
2 퍼널드 홀
3 존 제이 홀
4 쉐에리트 이스라엘 유대교 회당
5 배터리 플레이스
6 뉴욕 증권거래소
7 월 스트리트
8 브루클린 브리지

맨하탄

로르카가
뉴욕에서 보낸 시절

N   0   1   2 km

      0   1 mi

페데리코 가르시아 로르카, 뉴욕을 맛보다

Federico García Lorca, 1898~1936

1928년 늦봄, 스페인의 시인이자 극작가이며 살바도르 달리와 루이스 부뉴엘에 버금가는 초현실주의자인 페데리코 가르시아 로르카는 우울증에 빠졌다. 최근에 발표한 《집시 발라드》는 로마인들과 고향 안달루시아의 신화, 기개, 특색 등을 찬양하는 서정 시집으로서 찬사를 받았고 그는 조국의 유명인들과 어깨를 나란히 하게 됐다. 그러나 그로 인해 달리와의 관계는 삐걱거렸다. 특히나 부뉴엘은 로르카와 달리 간의 관계를 틀어놓고 전반적으로 그의 명성을 깎아 먹으려고 몰래 음모를 꾸미고 있는 게 확실했다. 더욱 비통한 일은 로르카의 (성적으로) 싹사랑 상대였던 살생긴 소각가 에밀리오 알라드렌이 마드리드에서 화장품 사업을 하는 영국 여성 엘리노어 도브와 진지한 관계에 빠졌다는 것이었다.

로르카의 부모는 아들의 정신 건강을 걱정하며 마드리드의 친구들에게 조언을 구했다. 그중 한 사람이 해외 여행이 도움이 될 것이라 제안하자, 로르카는 사회주의자이자 그라나다 대학의 법학 교수였던 페르난도 데 로스 리오스와 함께 미국으로 떠나기로 결정했다. 데 로스 리오스는 그라나다 대학에서 로르카의 스승이었으며, 미국에서는 컬럼비아 대학에서 강의를 할 예정이었다.

로르카가 미국에 온다는 소식은 히스패닉 문학계에 엄청난 기대를 불러일으켰다. 1929년 6월 29일 시인이 부두에 내리자마자 기다리고 있던 스페인 지인들과 기자들은 환영파티를 열었다. 그 가운데 중심이 되는 인물은 컬럼비아 대학 스페인어 학과장을 맡고 있는 페데리코 데 오니스와 또 다른 스페인어 학과 소속의 엔젤 델 리오로, 델 리오는 훗날 로르카에 관한 연구를 발표하기도 했다. 데 오니스는 시인을 영어 수업을 듣는 학생으로 등록해서 컬럼비아의 모닝사이드 캠퍼스의 퍼널드 홀에 대학 숙소(671호)를 마련해 주었다. 로르카는 외국인들의 언어 능력 향상을 목적으로 개설된 이 과정에 부지런히 출석했지만, 영어 실력은 기껏해야 공부한 흔적 정도로만 남았을 뿐이었다. 델 리오가 회상하길, 로르카는 미국에서 9개월을 보낸 뒤에도 서의 발음만 기억하는 몇몇 핵심 문장으로 생활했고 그 발음마저도 끔찍했다고 했다.

뉴욕은 특유의 지형과 외우기 쉬운 격자형 배치로 이뤄져 있어서 시인에게는 엄청나게 접근성 좋은 장소가 됐다. 로르카는 그 활기 넘치는 거리를 느릿느릿 걸어 다니는 것 외에는 좋아하는 게 없었다. 그는 거의 끊임없이 돌아다니면서 할렘과 배터리, 로어 이스트사이드, 브로드웨이와 5번가 보도 위로 커다란 발소리를 냈고, 재즈클럽과 극장, 뮤지컬극장, 식당과 무허가 술집(당시는 여전히 알코올 섭취를 금하는 법이 시행 중이었다) 등에 들렀다. 그러한 도보여행의 결과로 그가 써 내려간 환각과도 같은 시들의 제목은 '구토하는 민중의 풍경(코니아일랜드의 황혼)', '오줌 누는 군중의 풍경(배터리

플레이스의 야상곡)', '잠들지 못하는 도시(브루클린 브리지의 야상곡)' 등이다. 이 시들은 도시의 이면에 몰두하며 느낀 그의 환희와 역겨움을 전한다. 또한 로르카는 다채로운 주민들, 그들의 인종과 종교적 다양성에 더욱 매료되었다. 다만 프로테스탄트 교회의 예배에 참석해서 그곳의 금욕적인 장식과 음침한 의식을 보며 자신이 자란 스페인 가톨릭교 전통이 보여주는 모습을 더욱 사랑하게 됐다.

시인 하트 크레인은 로르카가 뉴욕에서 알게 된 미국 문인 가운데 하나로, 둘은 술에 취한 선원들과 함께 흥청망청 술을 마시며 즐거운 저녁을 보낸 것으로 유명했다. 또 다른 친구는 소설가이자 간호사인 넬라 라르센으로, 아버지는 흑인이고 어머니는 덴마크계 백인이었다. 라르센은 로르카에게 할렘을 소개해줬고, 아프로

아메리칸 교회와 나이트클럽도 알려줬다. 7번가 2294번지 지하에 있는 스몰스 파라다이스는 이 지역에서 잘나가는 재즈 구역 중 하나였으며, 곧 로르카의 아지트가 되었다. 뉴욕에 대한 로르카의 초창기 시적 응답은 '할렘의 왕'이라는 시로, 미국 흑인들의 역경과 미국의 인종차별적이고 자본주의적인 체제를 마음속 깊이 느끼고 고발하는 내용을 담고 있다.

어느 날 밤 브로드웨이에 간 로르카는 예전에 스페인에서 만났던 오랜 영국인 친구 캠벨 핵포스-존스와 재회했다. 런던의 증권중개인인 그의 아버지는 아들을 뉴욕으로 보냈고, 덕분에 핵포스-존스는 월스트리트의 한 제휴회사에서 수습직원으로 일하고 있었다. 그때부

▼ 1929년 뉴욕 할렘의 스몰스 파라다이스 나이트클럽 ▶ 뉴욕의 엠파이어 스테이트 빌딩이 내려다보이는 풍경

터 로르카는 핵포스-존스와 여동생 필리스와 함께 밤마다 밀수한 진을 즐겁게 마셨다. 그러면서도 핵포스-존스 덕에 뉴욕 증권거래소를 견학할 수 있었다. 그는 거의 광란에 가까운 돈의 환희를 목격하면서 '죽음의 춤'을 쓸 소재를 얻었고, 이 시를 통해 월스트리트의 금전 투기를 자유롭게 비난했다. 몇 달이 지난 후 로르카는 1929년 10월 29일 검은 목요일 이후 증권거래소 앞에서 분노한 군중들 사이에 합류했고, 근처 마천루 창문에서 한 은행원이 몸을 던져 길거리로 떨어지는 어느 자살 현장을 목격했다고 했다.

그러나 그에 앞선 여름휴가 동안 로르카는 맨해튼을 떠나 있었다. 미국의 시인 필립 커밍스와 그의 부모가 버몬트 주 그린 마운틴의 구릉에 있는 에덴 호숫가 별장에서 함께 시간을 보내자고 초대했기 때문이었다. 평온한 환경과 자연 세계가 주는 위안 덕에 대도시 뉴욕에서 닳기 시작한 시인의 신경은 차분해졌다. 버몬트 주에서 열흘을 보낸 뒤 로르카는 캣츠킬스의 셴더큰으로 가서 그곳 농장의 오두막에서 머물고 있는 델 리오와 그의 아내 아멜리아에게 합류했다. '에덴 호수 방앗간에서 쓴 시'와 그 속편 '농부의 오두막' 등은 도시에서 벗어나서

보낸 이 시간이 빚어낸 결과물이었다.

로르카는 1929년 9월 21일 뉴욕으로 돌아왔고 컬럼비아 대학교 캠퍼스 중심에 있는 존 제이 홀의 1231호로 이사했다. 이것이 뉴욕에서 알려진 그의 마지막 주소이며, 시집《뉴욕의 시인》에 실린 여러 시들의 초고가 쓰인 곳이 바로 여기다. 그러나 머지않아 그는 쿠바 히스패닉 연구회로부터 다음 해 봄에 아바나에서 강의해 달라는 요청을 받았다. 거의 절망적일 정도로 향수병에 시달리던 시인에게는 반가운 전개였다. 로르카의 전기작가인 이언 깁슨에 따르면, 맨해튼으

로 인해 시인은 "자신이 고국을 얼마나 열정적으로 사랑하는지 인식하게 되었을" 뿐이었다. 그리고 어느 현대 해설가의 통찰력 넘치는 논평처럼, 로르카는 1930년 3월 4일 쿠바 행 증기선을 타기 위해 플로리다 탬파로 떠나는 열차에 올라 뉴욕을 떠나면서 틀림없이 "예전보다 훨씬 더 진정한 스페인 사람과 안달루시아 사람과 그라나다 사람"이 되었으리라.

▼ 미국 버몬트 주의 에덴 호수

캐서린 맨스필드, 이야기를 얻으려 독일의 온천에 시간을 담그다

Katherine Mansfield, 1888~1923

오늘날, 한때 온천 휴양도시로 인기를 끌었던 바이에른 알프스의 독일 도시인 바트 뵈리스호펜을 찾는 관광객들은 뉴질랜드 작가 캐서린 맨스필드의 동상이 온천공원 안 아이스버그 연못가에 서 있는 모습을 볼 수 있다. 그녀는 현지의 가톨릭 사제 세바스티안 크나이프가 창안하고 대중화시킨 水치료를 받기 위해 이곳에 왔던 가장 유명한 관광객 중 하나다. 당시 뵈리스호펜의 주민은 3백 명에 불과했지만 이곳을 찾는 환자들은 매년 9천 명이 넘었다. 환자들은 이 마을의 고요하지만 숭고한 알프스 풍경 속에서, 얼음처럼 차가운 물을 끼얹는 크나이프 치료를 받았다.

어찌 보면 맨스필드가 그러한 명예를 누린다는 것이 놀랍기도 하다. 이 작가는 1911년 12월 출간된 첫 단편집《독일 하숙에서》를 통해 이곳 사람들을 놀라울 정도로 신랄하게 비꼬며 그려냈기 때문이다. 그녀의 두 번째 남편 존 미들턴 머리에 따르면, 맨스필드는 이 책이 제1차 세계대전 동안 재출간되는 것에 반대했다. 젊은 시절 그녀가 풍자적으로 조롱했던 독일인의 특성과 식습관 중 일부 요소가 영국의 호전적인 애국주의 선전가들에게 악용될까 걱정됐기 때문이었다.

젊은 시절에 저지른 그 잘못을 모두 감안하더라도, 맨스필드의 단편집은 자신의 힘으로 일궈낸 몹시도 현대적인 작가의 등장을 의미했다. 이 책이 쓰여지고 최종적으로 출판이 결정되던 무렵, 그녀의 인생은 질병과 개인적인 비극, 그리고 절망적인 연애와 감정적 혼란이 뒤섞여 상처투성이였다. 맨스필드의 전기작가들은 이 시기 동안 대체 무슨 일이 벌어졌던 건지 대략적으로나마 추측해보려 했지만, 일부 요소는 여전히 이론의 여지가 있다. 또한 더 촘촘한 그림을 만들어내려는 시도는 (맨스필드가 훗날 자신의 입으로 설명했듯) 이 시절 거의 모든 서신과 "엄청나게 불만을 쏟아부은 일기장"을 1909년부터 1912년 사이에 없애버린 결정 탓에 실패로 끝났다.

뉴질랜드에서 자라 한때 런던에서 교육받았던 맨스필드는 놀라울 정도로 자유로운 영혼이었고, 성적으로도 해방되어 남자와 여자 모두에게 욕망을 품었던 젊은 여성이었다. 1908년 런던으로 돌아와서는 바이올리니스트 가넷 트로웰과 사랑에 빠졌고, 트로웰 가에 잠시 머물렀으나 그들의 관계에 반대하던 가넷의 부모와 심각하게 다투고는 그곳을 떠났다. 이미 가넷의 아이를 임신한 지 석 달째던 그녀는 나이 많은 노래 선생인 조지 보든의 청혼을 즉각 수락했지만, 도저히 첫날밤을 보낼 수 없어서 결혼식 다음 날 아침 결별을 선언했다. 맨스필드는 오페라단과 순회공연 중인 가넷과의 연애

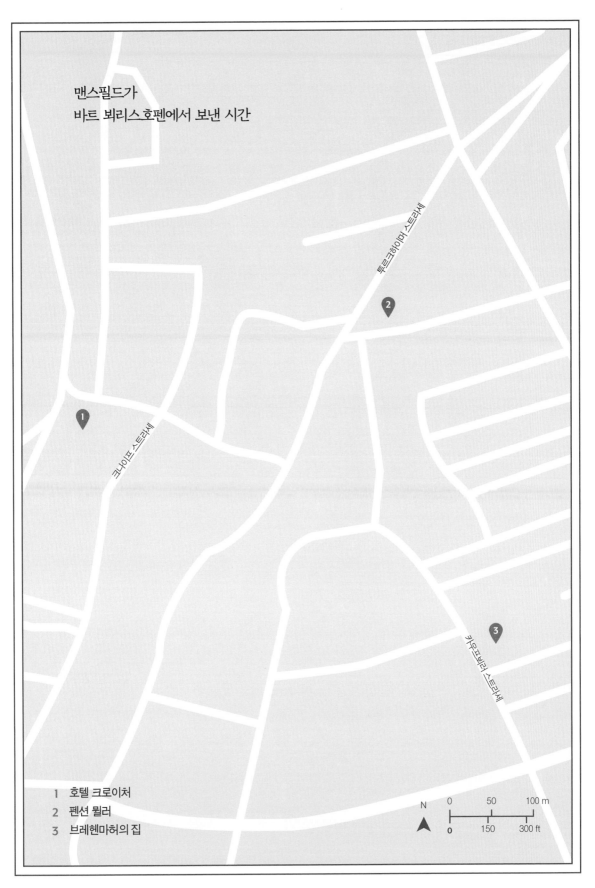

맨스필드가
바트 뵈리스호펜에서 보낸 시간

1   호텔 크로이처
2   펜션 뮐러
3   브레헨마허의 집

를 다시 불태워보려고 애쓰면서, 그를 만나기 위해 리
버풀로 향했다. 그리고 거의 한 달여를 그와 함께 여행
한 끝에 둘 사이가 완전히 끝났다는 결론을 내렸고, 짧
은 휴식도 취할 겸 앞으로 어떤 선택을 할지 고민하기
위해 벨기에 브뤼헤로 갔다.

성급했던 결혼이 실패했다는 소식, 그리고 가넷과
의 관계에 대한 소문뿐 아니라 절친한 친구인 아이다 베
이커와 레즈비언에 가까운 우정을 쌓고 있다는 루머는
곧 뉴질랜드에 있는 어머니 애니 뷰챔프의 귀에 들어갔
다. 뷰챔프는 곧장 영국행 배에 올라 1909년 5월 27일
런던에 도착했으며, 방탕한 딸을 재빨리 독일로 데려갔
다. 여기에 대해서는 의견이 분분하다. 일부 전기작가
들은 어머니가 딸의 임신 사실을 과연 알고 있었을지 의
문을 품는다. 그리고 다른 작가들은 어머니가 의도적으
로 맨스필드를 유럽 대륙으로 데려와서는, 점잖은 영국
이나 뉴질랜드 사회의 시선이 닿지 않은 곳에서 사생아
를 낳게 한 뒤 입양 보내려 했을 것이라고 좀 더 확신을
가시고 무정한다. 어쨌든 맨스필드는 6월 4일 뵈리스호
펜의 크나이프 스트라세에 있는 호텔 크로이처에 짐을
풀었고, 그곳에서 약 일주일 동안 머무르다 투르크하이
머 스트라세에 있는 더 저렴한 펜션 뮐러로 옮겼다. 거
의 두 달 가까이 지낸 이 숙소는 훗날 작품에 등장하는
독일 하숙의 기반이 되어주었다.

전기작가 제프리 메이어에 따르면, 맨스필드는 크
나이프 치료법에 따라 근처 숲을 맨발로 걸은 뒤 심각한
오한을 느끼며 돌아왔고, 주변으로부터 외면당한 채 홀
로 남겨졌다. 어머니는 이미 오래전에 뉴질랜드로 돌아
간 후였다. 이러한 상황으로 인해 맨스필드가 요양하는
동안 썼던 인물묘사에는 신랄함이 배어 있다. 작가는

◀ 독일 바이에른의 운터알고우 알프스

후에 조금 더 따뜻한 숙소를 찾아 카지노베그의 우체국에서 대출문고를 운영하고 있던 플라우라인 로사 니체의 집에 머무르기로 했다. 그러나 지나치게 무거운 트렁크를 옮기고 난 뒤 결국 이른 시기에 아기를 사산하는 고통을 겪었다. 1909년 9월 말 그녀는 카우프뵈러 스트라세에 있는 요한 브레헨마허의 가족과 함께 지내기로 했으며, 1910년 1월 독일을 떠날 때까지 계속 머물렀다. 그러나 이 가족의 성은 그녀의 단편 <프라우 브레헨마허, 결혼식에 참석하다> 속에 영원히 남을 운명이었다.

런던으로 돌아온 맨스필드는 보든과 화해를 시도하며, 보든이 사는 독신자용 아파트로 이사해 두 달을 머물렀다. 그녀가 뵈리스호펜에서 쓴 이야기에 감명을 받고 A.R.오레이지가 간행하는 <뉴 에이지>지에 원고를 보내보라고 제안한 사람은 바로 보든이었다.

<피곤했던 아이>를 받아본 오레이지는 즉각 승낙했고, 이 단편은 1910년 2월 23일 호에 실렸다. 그 이후 8월까지 아홉 개의 단편이 <뉴 에이지>를 통해 발표되었고, 6개월 후 《독일 하숙에서》를 통해 맨스필드는 런던 문학계에 혜성처럼 등장했다. 출간 직후 맨스필드는 존 미들턴 머리를 소개받았다. 진보 잡지 <리듬>의 편집자인 머리는 맨스필드의 출판업자가 되었고, 뒤이어 그녀의 하숙인이자 연인, 그리고 마침내 남편이 되었다. 맨스필드는 충격적일 정도로 젊은 나이인 서른넷에 결핵으로 세상을 떠났지만, 다른 작가들은 몇십 년에 걸쳐도 얻기 어려운 성취를 자신이 누린 짧은 생애 안에 이뤄냈다.

◀ 1890년대 경 독일 바드 뵈리스호펜의 세바스티안 크나이프의 교구 사제관

▶ 크나이프 치료법을 묘사한 삽화

KNEIPP CURE.

Fig.1. The Knee-jet.

Fig.2. The Head-affusion.

Fig.3. Walking barefoot in wet grass.

허먼 멜빌,
물의 세계를
보다

Herman Melville, 1819~1891

"그는 완전한 육지 동물은 아니다." 언젠가 D.H.로렌스는 허먼 멜빌을 이렇게 평가했다. 로렌스는 버지니아 울프만큼이나 수십 년 동안 잊히고 방치됐던 멜빌의 작품에 지지를 보낸 20세기 초반의 작가이자 비평가 중 하나다.

멜빌은 뉴욕의 매우 존경받는 스코틀랜드-네덜란드계 미국인 집안에서 태어났다. 어린 시절, 그는 자신에게 타격을 줄 운명을 전혀 예견하지 못했다. 그의 아버지 앨런은 호화로운 상품들을 수입하는 도매상을 운영했고, 덕분에 가족들은 고상한 전문직들이 거주하는 맨해튼의 멋진 '본드 스트리트' 지역인 브로드웨이 675번지 대저택에 편안히 살 수 있었다. 아름다운 정원이 딸린 이 집에서 허먼과 형제들은 여자 가정교사로부터 교육을 받았다. 멜빌의 아버지는 사업 때문에 대서양을 건너 유럽으로 가서, 주식을 사들이고 원료 공급업자들이나 제작업자들과 거래를 했다. 집으로 돌아온 아버지가 여행에 관한 이야기를 들려주며 파리와 보르도, 런던, 리버풀과 에든버러에 대한 인상을 설명하면 어린 멜빌은 즐겁게 귀를 기울였다. 아버지 서재의 책장은 프랑스어로 된 책들과 여행기, 안내 책자들로 꽉꽉 차 있었다. 본질적으로 소년의 상상력을 풍부하게 만드

는 것은 머나먼 곳에 있는 나라들의 이야기와 사진들이었다. 그러나 멜빌은 구舊 세계로의 모험을 스스로 선택할 수 있는 나이가 되자, 부유한 상인이 아닌 평범한 선원으로 항해를 떠나기로 결심했다. 그것도 훈련을 받지 않은 '급사'라는 가장 낮은 직급이었다.

사실 멜빌이 열한 살 때 아버지는 파산했고 온 가족은 올버니까지 이사를 가야만 했다. 올버니는 멜빌의 외소부보와 삼촌, 이모, 그 외의 다른 식솔들이 살고 있는 곳이었다. 2년이 채 지나기도 전에 아버지는 세상을 떠났고, 어머니 마리아에게는 어마어마한 빚과 먹여 살려야 할 여덟 명의 아이들이 남았다. 멜빌과 형 갠즈부르트는 가족을 부양해야만 했다. 멜빌은 뉴욕의 한 은행에서 2년 동안 수습 사무원으로 근무하고 매사추세츠 주 피츠필드에 있는 삼촌의 농장에서 일을 거드는 한편, 모피 판매를 하는 갠즈부르트를 도우러 갈 예정이었다. 그러나 1837년 공황으로 인해 갠즈부르트마저 파산하고 말았다. 그 후 멜빌은 시골 학교에서 교사로 일하며 온갖 볼썽사나운 일을 견뎌내다 그 이후에는 공학을 공부했다. 별 성과도 없이 (거의 아무 일이나 하겠다는) 구직활동을 벌인 결과, 육지에서는 아무런 선택지도 남지 않자 멜빌은 자포자기의 심정으로 바다로 향했다. 스무

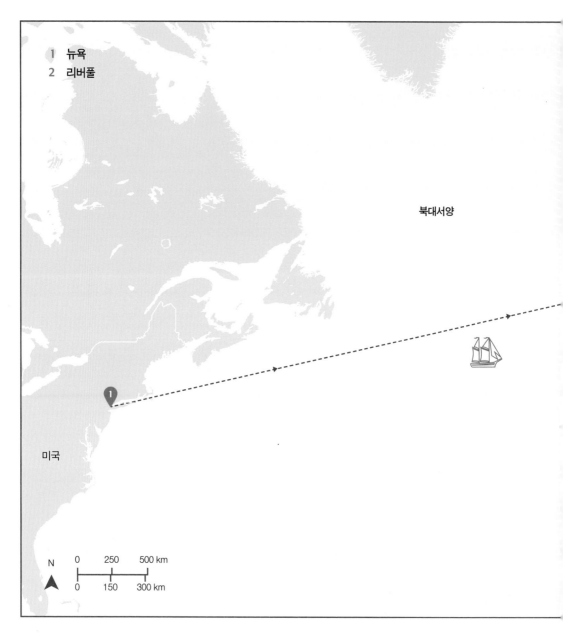

1 뉴욕
2 리버풀

북대서양

미국

N

| 0 | 250 | 500 km |
| 0 | 150 | 300 km |

◀ 이전 페이지 : 영국 리버풀의 피어헤드,
리버 빌딩

살 생일을 두 달 앞둔 시기였다.

　멜빌은 비교적 어리고 뱃멀미도 심했기 때문에 세
인트 로렌스 호의 선원 중에서 가장 낮은 직급으로 취
직해야만 했다. 돛대가 세 개 달린 횡범선은 올리버 P.
브라운 선장의 지휘하에 영국 리버풀로 떠났다. 그러나

뉴욕에서 리버풀로 향하는
멜빌의 항해

영국

쳤다. 920짝의 목화와 소수의 승객을 태운 세인트 로렌스 호는 마침내 1837년 6월 5일 수요일에 뉴욕항 14번 부두에서 출발했다. 공식적인 선원명단에는 '노먼 멜빌 (나이: 19세 / 키: 5피트 8½인치약 174센티미터 / 피부색: 밝음 / 모발: 갈색)'이 탑승했다고 기록되어 있다. 그의 이름이 노먼이 된 이유는, 읽기 어렵기로 악명 높은 필체 때문에 직접 쓴 이름을 사무장이 판독하는 데 실패했을 것으로 추측된다.

27일이 지나고 나서야 세인트 로렌스 호는 머지 강에 도착했고 프린스독에 정박했다. 그 사이에 멜빌은 혹독한 교육을 받으며 괴로워하고 있었다. 그저 '급사'였던 그는 갑판을 쓸고 닦고, 돛대에 물을 끼얹어 닦으며, 삭구 장치를 감고, 돛을 풀어서 펼치는 일을 하는 잡역부였다. 곧 수없이 많은 로프의 이름과 실제 용도를 배웠고, 당혹스러울 만큼 많은 매듭을 묶는 법도 알게 되었다. 당직을 서고, 배 위의 돼지우리와 닭장을 청소하는 일도 멜빌에게 맡겨졌다.

그는 만족스럽게 임무를 수행했으며, 자신을 의심하는 자들이 틀렸다는 것을 증명하는 데에서 자부심을 느꼈던 것 같다. 그러나 그는 상당히 거칠고 건들건들한 동료 선원들과는 완전히 다른 환경에서 자란 데다, 바다에 대해 무지하고 책을 좋아하며 중산층의 매너가 몸에 밴 탓에 가차 없이 놀림을 받았다.

멜빌의 여러 전기작가들이 공통적으로 언급하듯, 그는 세 번째 소설인 《마디》를 통해 세인트 로렌스 호에서 겪은 상황들을 꽤나 많이 묘사한 것으로 보인다. 멜빌은 이렇게 썼다.

이제 바다로 나와 선원들끼리 어울리면서, 모든 사람은 있는 그대로의 모습을 드러냈다. 인간의 본성을 연구하기에는 배만 한 학교가 없다. 사람들은 서

연안으로 부는 바람과 사흘 내내 끊임없이 내리는 비로 인해 뉴욕에서의 출발이 늦춰졌다. 바이런의 시에 푹 빠져서 터무니없이 낭만적인 항해를 기대하던 소년에겐 아마도 불길한 징조였을 것이다. 바이런의 시는 당시 멜빌이 쓰기 시작한 초기작들에 두드러진 영향을 미

로 너무 가까이 붙어있고 끊임없이 속임수를 부추긴다. 육지에서의 역할 따위는 헐렁하게 흘러내리는 바지만큼 아무렇게나 내버려 두자. 당신이 가지지 않은 자질을 가진 척하려는, 혹은 당신이 가진 것들을 감추려는 모든 노력은 헛될 뿐이다. 신분을 감추는 것은 그게 아무리 바람직하다 하더라도 불가능하다. 나는 항해했던 모든 배 위에서 '해동실(녹추방)'이라는 별명을 피할 수 없었다. 서둘러 덧붙이자면, 내가 꼴사납게 점잔 빼는 분위기를 풍기며 정복 모자에 손을 얹는다거나, 우아하게 종종걸음을 치며 삭구를 올린다거나 했다는 의미는 아니다. 아니, 절대로 아니다. 나는 결코 내게 주어진 소명 이상으로 잘하지는 않았지만, 내게 주어진 소명은 다했다. 나는 그 누구보다도 가장 선원다운 선원으로, 가슴팍은 더 갈색으로 그을리고 손도 더 단단했다. 그리고 동료 뱃사람들이 내가 해야 할 일을 고상하게 모른 척하더라도 절대로 질책하지 않았다. 설사 그 일이 가장 사납게 부르짖는 돌풍 속에서 중심 돛대 끝에 달린 둥근 공이나 삼각돛 끄트머리까지 접근하는 것이라도 말이다.

그렇다면 이 짜증 나는 별명은 어디에서 나온 것일까? 내 별명은 확실히 거슬렸다. 그 별명이 생긴 것은 결코 숨길 수 없는 뭔가가 내 안에 있었던 탓이었다. 가끔은 내가 쓰는 복잡하고 긴 어휘에서 슬그머니 드러난 탓이고, 그게 아니라면 식당에서 이해할 수 없는 신중함을 보인 탓이다. 순수문학에 등장하는 연애를 무심코 간접적으로 인용한 탓이었기도 하고, 그 외에 언급할 필요도 없는 사소한 일들 탓이기도 했다.

얄궂게도 《마디》는 멜빌의 첫 실패작이 되었고, 그

실패로 인해 그는 부랴부랴 후속작인 《레드번》과 《하얀 재킷》을 내놓았다. 독자들은 직설적으로 쓴 해양소설인 이 두 작품이 지나치게 원숙한 철학이 담기고 몹시도 난해한 전작과는 달리 초창기 형태를 되찾았다고 안도의 한숨을 내쉬며 반겼다. 그러나 멜빌은 언제나 이 소설들을 폄하했다. 한 편지에서 그는 "내가 돈 때문에 했던 두 편의 노동이지. 다른 사람들이 나무를 베는 것이랑 똑같이 억지로 쓴 거야."라고 언급하기도 했다. 그러나 그가 이 두 소설을 그토록 빠른 속도로 간결하게 써보는 일을 해보지 않았더라면, 외다리 에이해브 선장이 자신의 다리를 앗아간 흰고래를 잡기 위해 광기 어린 사냥에 나선다는 자유분방한 소설《모비딕》을 쓸 수 있었을지 의심스럽다. 또한 두 책의 판매량 덕에 그는 계속 출판물을 제안할 수 있는 위치에 올랐다. 《레드번》은 고작 10주 만에 완성되었고 '그의 첫 번째 항해… 한 소년 선원의 고백이자 상선에 오른 어느 귀족의 아들이 털어놓는 추억담'이라는 부제를 달고 세인트 로렌스 호에서 보낸 시간을 교묘하게 소설화했다. 찰스 디킨스가 《데이비드 카퍼필드》에서 그러했듯, 멜빌의 소년 선원 주인공 웰링버러 레드번은 멜빌 자신과 일대기적인 요소들을 여럿 공유하는데, 심지어 자주 여행을 다니다가 파산해 버린 애독가 아버지를 잃은 이야기도 포함되어 있다.

세인트 로렌스 호는 8월 13일까지 리버풀에 머물렀다. 돌아가는 항해를 준비하느라 분주한 와중에 선원들은 여가 시간에 도시를 탐색할 시간도 충분히 가졌다. 미국 밖으로 나간 첫 번째 여행에서 멜빌은 비록 돈이 부족해서 도시를 경험하는 데에 제약을 받았고 마음껏 돌아다니기도 어려웠지만 그 시간을 최대한 이용했다. 리버풀은 상당히 최근에 이르러서야 영국의 제2 항구로 개발됐다. 대서양을 넘어 이뤄지는 노예무역과 랭커셔 내륙의 제분 마을까지 확장된 운하망 덕분에 리버풀은 신속하고 아무런 제약 없이 성장했다. 리버풀의 유지들은 부와 행운에 환호했다. 그러나 멜빌은 부둣가 근처 빈민가에서 본 빈민들과 거지들에 충격을 받았고, 결국 《레드번》에서 현대의 소돔과 고모라로 그려냈다.

궂은 날씨는 또다시 세인트 로렌스 호를 방해했다. 서쪽으로 항해하는 여정은 45일이 걸렸고, 향수병에 걸린 멜빌은 1839년 9월 30일이 되어서야 뉴욕으로 돌아올 수 있었다. 바다에서 보낸 시간은 그를 바꿔놓았다. 하지만 그는 출발할 때보다 부유해지지 못했고, 가족의 상황 역시 딱히 좋아지지 않았다. 학교 교사로 일하고 난 뒤 멜빌은 '고래잡이의 도시' 매사추세츠 주의 뉴베드퍼드로 향했고, 1841년 1월 아쿠쉬네트 호에 올라 태평양으로 나갔다. 다음 해 멜빌은 폴리네시아 마르케사스 섬에서 내렸고, 작살 사냥꾼으로 수없이 많은 경험을 쌓아가며 타히티에서 하와이까지 이 배 저 배를 타고 움직였다. 그리고 1844년 집으로 향하는 길을 보장받기 위해 미국 해군에 자원했다.

멜빌은 자신의 모험담에 열광하는 반응에 용기를 얻어 글로 남겼다. 그 결과로 나온 《타이피》는 1846년 바이런의 출판사이기도 했던 존 머레이를 통해 처음 영국에서 출판됐다. 그리고 자신이 한때 흠모하던 시인과 마찬가지로 멜빌은 어느 날 아침 눈을 뜨니 갑자기 유명해져 있음을 깨달았다. 아아, 그의 평생으로 보면 어쩐지 덧없는 일이었지만(멜빌은 비참한 말년을 보냈으며, 그의 작품은 20세기 들어 재평가받았다 —옮긴이).

▼ 1840년 영국 리버풀의 프린스독, 판화

알렉산드르 푸슈킨,
캅카스 산맥과
크림 반도에서
요양하다

Aleksandr Pushkin, 1799~1837

유명한 고대 그리스 철학자 플라톤은 《국가》에 등장하는 이상적인 도시에서 시인들을 추방하며, 잘못된 시가 시민들에게 치명적인 영향을 미칠 수 있음을 경고했다. 그리고 19세기에 이르러, 플라톤의 주장과 거의 흡사한 일이 실제로 일어났다. 러시아에서 가장 존경받는 문인 중 한 명인 알렉산드르 푸슈킨은 '자유의 찬가'라는 시 한 편 때문에 국가안보에 심각한 위협으로 여겨졌다. 1825년에 일어난 소위 12월 혁명 당시 공모자들이 이 시를 인용한 이후, 시인은 추방과 공식적인 검열 등을 당하는 괴로운 시기를 거쳤고, 여러 차례 투옥과 사형의 위기를 가까스로 넘겼다.

푸슈킨은 상트페테르부르크에 있는 황실 기숙학교 리체이의 학생으로 고작 열네 살 무렵 문학계에 데뷔했고, 졸업과 동시에 외무성에 들어가서 6년이 되던 해에 처음으로 러시아 당국과 충돌을 일으킨다. 그 후 그가 쓴 시의 일부가 차르 알렉산드르를 공공연히 조롱하고 교외의 농노제를 비판하면서 상트페테르부르크 공안의 주목을 받게 됐다. 다행히도 영향력 있는 친구들이 그를 대신해 탄원에 나선 덕에, 푸슈킨은 사형이나 시베리아 추방 등은 피하게 됐다. 당시는 시베리아

추방이 죽음보다 더 비참하고 끔찍한 형벌로 여겨졌던 때다.

정치적인 시를 더 이상 쓰지 않기로 약속한 시인은 이반 인조프 장군의 관저로 파견됐는데, 재능 있지만 제멋대로인 젊은이에게 적절한 신념과 미덕을 심어줄 만한 능수능란한 관료로 여겨졌기 때문이었다. 인조프는 당시 러시아 남부 도시이자 오늘날 우크라이나 지역의 드네프르 강 유역에 자리한 드니프로(당시의 예카테리노슬라프)에서 근무했지만, 그 후 베사라비아의 전권대사로 임명받았다. 이는 지방 수도인 몰도바의 키시너우(키시네프)로 움직여야만 하는 자리였고, 따라서 푸슈킨도 향후 3년을 그곳에서 보내야 할 운명이었다. 그러나 그에 앞서 푸슈킨은 캅카스 산맥과 크림 반도를 유람하는 짧은 휴식을 즐겼다. 훗날 그는 이 여행이 인생에서 가장 행복했던 순간이라고 회상했고, 푸슈킨의 문학적 성과에 심오한 영향을 미쳤다.

푸슈킨이 "타는 듯이 뜨거운 아시아의 경계"라고 부르던 남부로의 여행은 1820년 5월 첫째 주에 상트페테르부르크를 떠나 드니프로로 가면서 시작됐다. 일주일을 여행한 끝에 시인은 키이우에 도착했고, 그곳에서

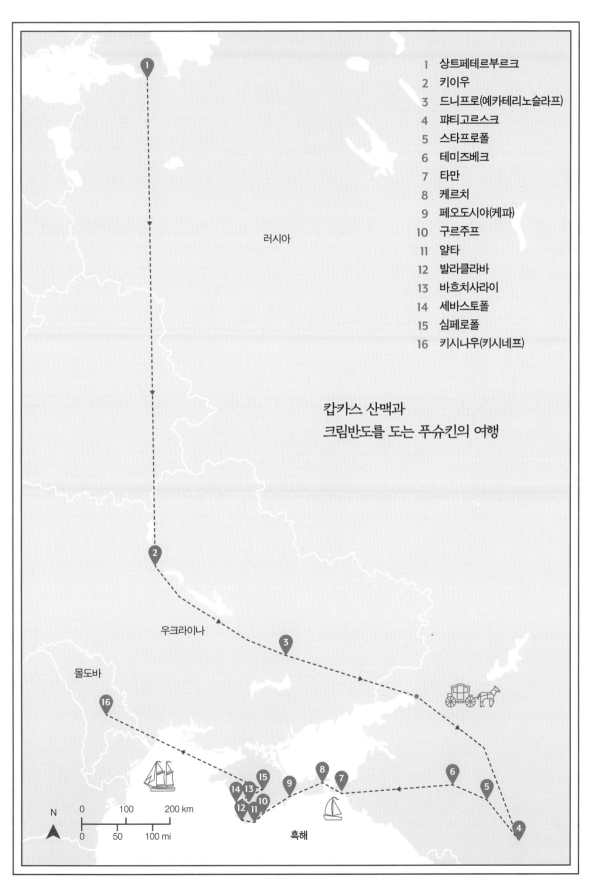

1	상트페테르부르크
2	키이우
3	드니프로(예카테리노슬라프)
4	퍄티고르스크
5	스타프로폴
6	테미즈베크
7	타만
8	케르치
9	페오도시야(케파)
10	구르주프
11	얄타
12	발라클라바
13	바흐치사라이
14	세바스토폴
15	심페로폴
16	키시나우(키시네프)

캅카스 산맥과
크림반도를 도는 푸슈킨의 여행

러시아

우크라이나

몰도바

N

0   100   200 km
0   50   100 mi

흑해

친구이자 젊은 경기병인 니콜라이 라에프스키와 훈장을 받은 군사령관인 그의 아버지 니콜라이 니콜라에비치 라에프스키를 만나 저녁을 함께 보내기로 약속했다. 장군의 가장 어린 딸 두 명과 함께 부자는 캅카스 산맥을 방문하기로 되어 있었는데 그곳에서는 장남인 알렉산더가 마슈크 산비탈에 자리한 퍄티고르스크의 온천에서 광천수 치료를 받고 있었다. 이 가족과 측근들은 그 이후에 크림반도로 가서, 장군의 아내와 큰딸들을 만난 뒤 함께 그 지역을 여행할 계획이었다. 이 여정의 첫 구간에서 드니프로를 지나기 때문에, 장군은 푸슈킨이 이 휴가에 동행하지 않을 것인지 물어보려고 인조프와 대화를 해보기로 했다.

다음 날 아침 푸슈킨은 드니프로로 향했다. 3일 후 드니프로에 도착한 그는 인조프를 만나러 갔고, 아마도 새로운 상사에게 호의적인 첫인상을 안긴 듯하다. 그러나 인조프는 새로운 대사직과 관련한 준비를 하느라 분주했고, 시인은 아무런 할 일이 없다 보니 강둑에서 배를 다 서나 수영을 하고 빈둥거리며 시간을 보냈다. 이런 물놀이의 여파로 그는 앓아누웠고, 5월 26일 라에프스키 부자가 도착했을 때는 오두막에서 면도는커녕 씻지도 못한 채 고열에 시달리는 중이었다. 라에프스키 장군은 푸슈킨이 (정신적이고 신체적인) 건강을 위해 라에프스키 가족과 여름을 함께 보내야 하며, 그 후 인조프가 키시너우에 정착하면 가을께에 대사를 돕는 업무로 복귀하면 된다고 인조프를 설득하는 데에 성공했다.

5월 28일 이들은 두 대의 대형마차와 이륜포장마차(접이식 뚜껑이 달린 개방형 마차)를 타고 드니프로를 떠났고 6월 6일 퍄티고르스크에 도착했다. 이 길은 타간로크 만의 바닷가로 이어졌기 때문에, 모두 마차에서 내려서 아조프 해를 보며 감탄했다.

퍄티고르스크에서 푸슈킨은 알렉산더 라에프스키를 만났다. 시인보다 고작 네 살 많은 알렉산더는 타인을 다루는 데에 능한 매력적인 사람이었고, 바이런의 시적인 제자이기도 했다. 머지않아 그는 푸슈킨에게 강력한 영향력을 행사하게 됐으나, 이들의 우정은 알렉산더의 표리부동함으로 인해 급속히 악화됐다. 푸슈킨은 1724년 '악령'을 쓰면서, 시를 통해 그를 대놓고 인신공격했다.

푸슈킨을 비롯한 이들 무리는 퍄티고르스크에서 목욕과 정화라는 엄격한 치료법을 지켰다. 또한 그 지역에 있는 인근 온천을 부지런히 돌아다녔다. 동생에게 쓴 편지에서 푸슈킨은 캅카스 산맥의 물이 "엄청나게 도움이 되며 특히나 뜨거운 유황수가 그렇다."고 설명했다. 퍄티고르스크의 시설은 이 시대 다른 곳들과 마찬가지로 꽤나 원시적이었다. 훗날 푸슈킨은 목욕탕이 "서둘러 지어진 판잣집이었다. 대부분의 온천에서는 물이 솟구쳐 나오면서 깊이 펄펄 끓고, 산허리를 따라 다양한 방향으로 흘러내렸다."고 회상했다. 온천에 가려면 깎아지른 듯 가파른 돌길을 따라 오르고, 관목이 우거지고 울타리도 치지 않은 벼랑을 기어올라야 했다. 푸슈킨은 9년쯤 지난 후 그 지역에 돌아와서는, 온천의 거칠고 야생적인 부분이 다듬어지고 편리해진 대신 그의 취향에 맞지 않게 지나치게 깔끔하게 바뀐 것에 실망했다.

당시 푸슈킨이 캅카스 산맥에 매료된 이유는 날 것 그대로의 풍경, 그리고 부족민과 무슬림들의 소박한 삶 때문이었다. 젊은 시인은 이곳에서 여느 곳과 다른 이국적인 매력을 느꼈다. 그의 전기작가 T.J.비니언은 이

◀ 우크라이나의 크림반도 해안선과 흑해

를 "바이런이 레반트 지방에 끌린 것처럼… 아니면 페니모어 쿠퍼가 미국의 황무지에 끌린 것처럼"이라고 표현했다.

푸슈킨은 걷거나 말을 타고 타타르족의 산골 마을을 찾아가 현지 주민들로부터 설화와 전설들을 듣는 것을 가장 좋아했다. 어느 마을에서는 나이 많은 전사를 만나서 그가 캅카스 산적에게 잡혔던 이야기를 들었다. 이 이야기는 푸슈킨의 가장 유명한 시 '캅카스의 포로'의 바탕이 되었다.

8월에 이들은 캅카스 산맥을 떠나 크림반도로 갔다. 스타프로폴을 지나 어쩌면 적대적일 수도 있는 지역을 통과하게 됐고, 60명의 기마경찰과 장전된 대포가 딸린 군사 호위를 받으며 여행했다. 테미즈베크에서 흑해의 타만으로 가는 여정을 계획했던 이들은 고대 그리스 시대에 판티카파에움이라 불렸으며 미트리다테스 왕의 자살 장소로 유명한 크림반도의 도시 케르치까지 9시간 동안 폭풍우에 시달리며 배를 탔다. 푸슈킨은 미트리다테스 왕의 무덤을 보고 판티카파에움의 흔적을 찾을 기대에 부풀어 있었지만, 당혹스럽게도 겨우 "인근 산의 묘지에서 대충 잘라낸 바위와 돌더미" 그리고 "무덤이나 탑의 토대"였을지도 모를 "계단 몇 개"만 마주쳤을 뿐이었다. 그는 꽃 한 송이를 꺾어 들어 기념으로 간직하려 했으나, 결국에는 다음 날 "최소한의 거리낌도 없이" 잃어버리고 말았다.

케르치에서 이들은 페오도시야(당시의 케파)의 항구로 갔고, 장군의 결정에 따라 해군 범선에 올랐다. 그리고 크림반도 남쪽 해안을 지나 구르주프로 항해했다. 푸슈킨은 이 배 위에서 처음으로 크림반도를 주제로 한

시이자 낭만적인 비가를 쓰기 시작했다. 그리고 구르주프에서 처음으로 목격한 "반짝이고 희미하게 어른거리는" 여러 빛깔의 산, "벌집처럼 보이는" 타타르족의 오두막, "초록색 기둥 같은" 백양나무, 그리고 거대한 아유다그 산 등은 그가 시와 산문에서 몇 번이고 반복해서 떠올린 심상이 됐다.

구르주프에서 그는 해수욕을 하고, 포도를 양껏 따 먹었으며, 근처 절벽 위에 황제 유스티니아누스 1세가 세운 요새의 잔해를 방문했다. 니콜라이와 함께 서재에 있는 책들에 기꺼이 파묻히기도 했다. 라에프스키 가족이 어느 저명한 프랑스 망명자에게 빌린 이 집에는 볼테르부터 바이런까지 다양한 책들이 구비되어 있었다. 푸슈킨이 이곳에 머무는 동안 가장 부지런히 읽었던 것은 프랑스어로 된 바이런의 글들을 번역한 책들이었다.

얼마 안 가 그는 장군의 장녀, 예카테리나에게 반하고 말았다. 바이런의 시에 담긴 낭만주의와 인상적인 크림반도의 풍경에 푹 빠져 있던 시인이 눈에 띄게 아름나운 스물두 살 여인에게 시코집힌 긴 이찌먼 지언스러운 수순이었다. 그러나 구애는 실패했고, 예카테리나는 푸슈킨의 비극적인 사극 《보리스 고두노프》에 등장하는 야망 넘치는 러시아 귀족 여인 마리나 므니제치의 모델이 된 것으로 널리 알려져 있다.

구르주프에서 3주를 보낸 뒤 푸슈킨과 장군, 그리고 니콜라이는 출발에 앞서 그 지역을 마지막으로 둘러보았다. 이들은 얄타와 발라클라바를 방문했다. 발라클라바에서는 그리스 상인들이 피오렌트 곶의 바위에 새겨서 만든 기독교 동굴교회인 세인트 조지 수도원, 그리고 디아나 여신에게 바치는 사원의 유적이 푸슈킨에게 길이 남을 인상을 심어주었다. 세바스토폴을 거쳐 마지막으로 심페로폴에 도착하기 전에, 이들은 바흐치사라이에 들렀다. 이 도시에서는 16세기 크림 타타르족의

왕들이 살던 궁전의 무너져가는 유적들을 구경했는데, 푸슈킨은 산산이 부서진 분수를 보며 '바흐치사라이의 분수'라는 시를 남겼다. 며칠 후 푸슈킨은 키시나우로 떠났지만, 푸슈킨이 '남국의 해안'이라고 부른 구르주프와 러시아의 남부 지역 은 남은 생애 동안 그에게 "말로 설명할 수 없는 매력을 발휘"했다.

◀ 1836년 경 니카노르 체르네초프의 〈아유다그 산의 광경〉
▲ 1820년 경 알렉산데르 니콜라예비치 라에프스키의 초상

J.K.롤링,
맨체스터 발
런던 행 기차에서
생각이 꼬리를 물다

J.K. Rowling, 1965~

아무도 출판하려 하지 않았던 동화책을 쓴 무직의 싱글 맘이 어쩌다 세계에서 가장 잘 팔리는 책의 작가가 되었는가에 관한 이야기는 거의 신화에 가깝다. 하지만 마치 마법처럼 보이는 J.K.롤링의 '빈털터리에서 갑부까지'의 여정, 혹은 '고군분투하던 작가 지망생에서 누구나 다 아는 해리 포터의 창작자까지'의 여정은 사실 고집과 중노동의 과정으로 요약된다. 영감이 될 만한 온갖 장소들을 뒤로하고, 롤링이 처음으로 이 마법사 소년에 대한 아이디어를 얻은 곳이 다름 아닌 열차 안이었다는 사실은 매우 흥미롭다. 그리고 그 열차는 칙칙폭폭 달리는 호그와트 익스프레스와는 다르게 꽤나 평범했다.

1990년 롤링은 런던에서 임시 사무직이나 비서직 같은 다양한 일을 닥치는 대로 하고 있었다. 그중에는 출판사 일도 있었는데, 원고를 보내온 작가들에게 거절 편지를 보내는 업무였다. 롤링은 틈나는 대로 심혈을 기울여 성인용 소설을 두어 편 썼다(업무 중 휴식 시간도 항상 글을 쓰는 데 할애했다).

당시 롤링의 남자친구는 영국 북서부의 맨체스터에 살고 있었고, 런던에 사는 롤링은 그를 만나기 위해 주말마다 유스턴 역에서 열차를 타야 했다. 이 방식은 둘 다에게 좋지 않았기에, 남자친구는 맨체스터에 일자리를 찾아서 자신과 함께 살자고 롤링을 설득했다. 마침내 그녀도 동의했고 맨체스터 상공회의소와 맨체스터 대학교에 일자리를 찾았다. 물론 이번 일자리도 성취감과는 거리가 먼 비서직이지만 말이다. 그에 앞서 커플은 함께 살 집을 찾아다니기 시작했다. 그러나 멀끔하게 차려입은 부동산 중개업자가 소개하는 집 중에는 괜찮은 것이 없었고, 실망스러운 주말을 보내며 지치고 진절머리가 난 롤링은 맨체스터 피카딜리 역에서 런던으로 돌아가는 열차에 올랐다. 런던에는 클래펌 정션의 운동용품 가게 위층의 방 한 칸이 그녀를 기다리고 있었고, 또 다른 월요일 아침이 시작될 것이었으며, 도시의 어느 사무실에서 또 다른 하루를 보내야 할 것이었다.

설상가상으로 여느 때라면 두 시간 반 정도 소요되는 열차가 심각하게 지연되어 유스턴 역에 도착하기까지 무려 네 시간이 걸렸다. 하지만 이 운행 지연이 그녀에게는 뜻밖의 행운이 되었다. 꼼짝 않고 선 객차 안에서 롤링은 차창 너머로 목초지의 소들을 바라보고 있었는데, 바로 그때 초록 눈동자와 금이 간 둥근 안경을 쓴

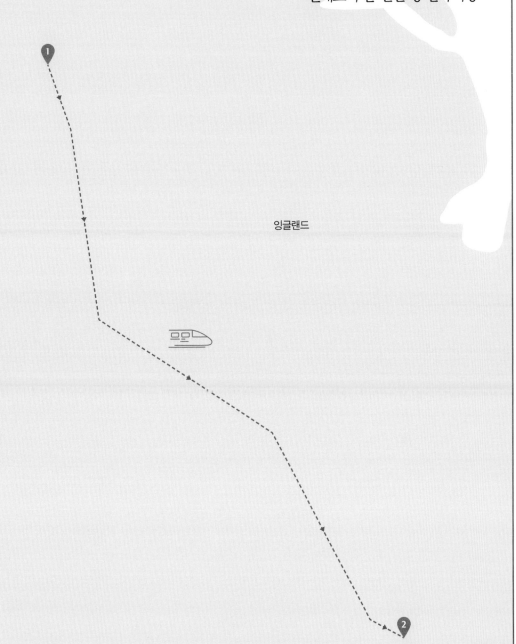

롤링의
맨체스터 발 런던 행 열차여행

잉글랜드

1 맨체스터 피카딜리 역
2 런던 유스턴 역

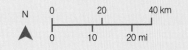

N

| 0 | 20 | 40 km |
| 0 | 10 | 20 mi |

왜소한 소년 해리 포터의 이미지가 불현듯, 하지만 온전한 모습으로 머릿속에 떠올랐던 것이다. 순식간에 그녀는 해리 포터가 마법사들을 위한 기숙학교로 여행을 떠나는 모습을 상상했다. 더 많은 아이디어가 물밀듯이 흘러나왔다. 그녀는 아이디어를 적어놓기 위해 가방 속을 샅샅이 뒤지며 펜을 찾았지만 가방 속에는 쓸 만한 도구가 하나도 없었고, 심지어는 아이라이너 펜슬조차 찾을 수 없었다. 롤링은 훗날 "너무 부끄러워서 열차 안의 누군가에게 연필을 빌려달라고 부탁할 수도 없었다."고 털어놓았다. 하지만 펜이 없는 상황은 뜻밖에도 더 좋은 결과로 이어졌다. 그 덕에 남은 시간 동안 책에 들어갈 다양한 아이디어를 생각해 냈기 때문이다. 열차가 철커덩 움직였고 체셔와 스태퍼드셔, 노샘프턴셔, 버킹엄셔와 하트퍼드셔를 차례로 들리는 여정을 시작하면서 론 위즐리와 해그리드, 피브스와 친구들, 그리고 호그와트 마법학교 또한 꿈틀거리며 생명을 얻었다. 롤링은 이 모든 것을 결국 클래펌에 돌아오고 나서야 종이 위에 옮길 수 있었다. 그녀는 그 아파트에서 "호그와트의 첫 번째 벽돌을 올렸다."라고 회상했다.

그러나 《해리 포터와 마법사의 돌》은 그로부터 5년

이 지나고 나서야 완성되었고, 책이 출판되어 서점에 진열되기까지는 또 다른 2년이 더 흘러야 했다. 그 시간 내내 롤링은 계속 글을 썼다. 그녀는 굳은 결심으로 첫 번째 책의 원고를 완성했을 뿐 아니라 일단 책이 성공한 뒤에도 해리 포터 시리즈의 전체 줄거리를 끝마치는 것에 전념했다. 큰 성공을 거둔 작가들은 후속작에 대한 어마어마한 압박에 짓눌린 나머지, 최선을 다할 수 없는 상황에 처하기 쉽다는 걸 잘 알기 때문이었다.

해리 포터 시리즈에서 몹시 소중하게 지켜진 또 다른 요소로는 호그와트 익스프레스가 출발하는 그 유명한 킹스크로스 역의 9와 4분의 3번 승강장이 있다. 그 배경 역시 맨체스터로 가는 롤링의 열차 여행 당시로 거슬러 올라갈 수 있다. 2001년 BBC와의 인터뷰에서 롤링은 킹스크로스 역을 유스턴 역과 착각했다고 실토했다.

"저는 맨체스터에 살았을 때 9와 4분의 3번 승강장에 대해 썼어요. 그런데 그만 잘못된 승강장을 떠올렸답니다. 사실 유스턴 역을 생각하며 썼기 때문에, 누구는 킹스크로스 역의 9번 승강장과 10번 승강장에 가보면 책에서 설명하는 9번과 10번 승강장과는 전혀 비슷하지 않다는 것을 깨달을 거예요. 그러니 고백해야겠어요. 저는 맨체스터에 머무르고 있었고, 그래서 확인할 수가 없었다고요."

◀ 영국 맨체스터 근처의
   교외 지역을 달리는
   여객열차
▲ 런던 킹스크로스 역의
   9와 4분의 3번 승강장

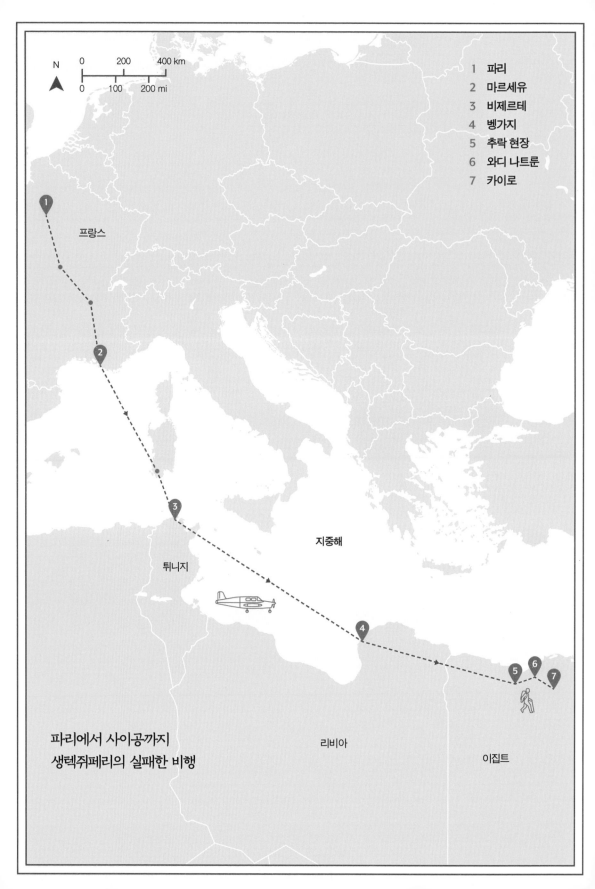

1	파리
2	마르세유
3	비제르테
4	벵가지
5	추락 현장
6	와디 나트룬
7	카이로

프랑스

지중해

튀니지

리비아

이집트

파리에서 사이공까지
생텍쥐페리의 실패한 비행

앙투안 드 생텍쥐페리, 대서특필되다

Antoine de Saint-Exupéry, 1900~1944

어린이들의 고전 《어린 왕자》의 작가이자 선구자적인 비행사인 앙투안 드 생텍쥐페리는 원래 <르 피가로>지가 '스포츠 비행L'aviation Sportive'이라고 표현하는 비행 방식에 회의적인 입장이었다. 이전의 비행 속도나 거리 기록을 경신하려는 목표를 가지고 공중에서 긴 시간을 떠도는 행위에 관하여 생텍쥐베리는 매우 부적절하고 쓸데없는 짓이라 생각했다. 그러면서 우편 배달을 전문으로 하는 빈산비행사로서 사신의 성력이 훨씬 고귀하고 진정성 있는 목표를 가졌다고 여겼다.

그러나 1935년 말이 가까워진 무렵, 그의 신념은 변화하기 시작했다. 그는 금전적인 어려움에 빠진 데다, 살바도르인 작가이자 예술가인 콘수엘로 순신 산도발과의 결혼은 일촉즉발의 상황이었다. 그녀의 자유로운 영혼과 불같은 성격에다 그의 불륜이 더해져 두 사람의 결합은 감정 면에서나 예술 면에서나 한계에 부닥쳤다. 그때 그의 친구이자 동료 비행사인 장 메르모즈와 공군 고위직에 있던 르네 다벳 장군이 그에게 프랑스 항공부의 비행대회에 나가보라고 제안했고, 그는 주저하지 않고 받아들였다. 파리와 (당시 프랑스가 지배하던 인도차이나의 일부였던) 호찌민(사이공) 사이를 가장 빠르게 비행하는 사람에게 15만 프랑이 상금으로 주어지는 대회였다.

그러나 최종기한인 1935년 12월 31일이 다가오는 가운데, 생텍쥐페리에게는 별로 승산이 없어 보였다. 그도 그럴 것이 경쟁자 중 한 명이었던 찰스 린드버그는 1927년 그 유명한 최초의 대서양 횡단비행에 가져갔던 응급키트를 꼼꼼하게 구성하느라 몇 달간 안달복달하고 있었고, 당시 파리-호찌민 간 기록을 보유했던 앙느레 사씨는 오슬도와 오링, 퀴니지로 연딜아 시험비행을 하는 중이었다. 반면에 생텍쥐페리는 대부분의 시간을 가정 문제에 쏟고 있었다.

떠나야 할 날을 고작 2주 남겨두고, 시인이자 작가이자 비행사는 자신의 신탁재산 대부분을 쿠드롱 시문비행기에 쏟아부었다. 이 비행기는 180마력 엔진을 갖춘, 자피가 모는 비행기보다 훨씬 더 뛰어난 기종이었다. 그는 태평스럽게 자피의 98시간 52분 기록을 거의 20시간 가까이 줄일 수 있으리라 장담했다. 그런 여행에 맞춰 다벳과 그의 에르 블루Air Bleu 정비공들은 비행기를 수리했지만 생텍쥐페리는 거의 관여하지 않았다. 마찬가지로 나침반 판독과 비행경로 작성 또한 그의 민간비행사 동료인 장 루카스가 맡았다.

생텍쥐페리의 여행 동반자는 안드레 프레보로, 그

는 옛 에르 블루의 일원이었고 정비공이자 조종사였다. 둘의 작전기지는 생 제르맹 데 프레의 호텔 퐁 로얄이었는데, 이곳에서 생텍쥐페리는 콘수엘로와 다툼을 벌이거나 아니면 프레보와 계획을 세우고 임무를 논했다.

날씨 예보도, 그리고 몽마르트르의 어느 비스트로에서 열린 송별회 직후 만난 점쟁이의 예언도 모두 비관적이었으나, 작가와 프레보는 1935년 12월 29일 일요일 아침 7시 1분 하늘 높이 날아 길을 떠났다. 이들의 출발은 1면 머리기사에 올랐다. 린드버그처럼 대륙을 가로지르는 비행기 조종사들에 열광적인 대중의 취향을 고려한 것이었다. 이런 유행을 놓치지 않고, 작가 자신 또한 모험을 기록한 기사를 파리의 신문 <랭트랑지장 L'Intransigeant>에 연재하기로 독점 계약했다.

작가가 출발 전 내렸던 수많은 결정 가운데 가장 뼈아픈 실책은 (무게 때문에) 추가연료를 싣기 위해 무전기를 뺀 것이었다. 이로 인해 12월 30일 아침 일찍, 생텍쥐페리는 어려움에 빠졌을 때 사신의 위지를 확인하거나 도움을 요청하는 무전을 보내고 호출할 사람이 아무도 없음을 깨달았다. 몇 분간 앞이 보이지 않는 상태에서 비행하다가 나일 강에서 벗어났다고 믿은 그는 고도를 낮췄고, 결국 시속 273킬로미터의 속도로 이집트 사막의 모래언덕에 박히고 말았다. 다행히 생텍쥐페리와 프레보 둘 다 거의 부상을 입지 않고 조종석에서 기어 나왔고, 비행기가 폭발하지 않은 덕에 잔해에서 식량과 보급품을 꺼내올 수 있었다(그마저도 적은 양에 불과했지만). 작가는 나중에 프랑스 귀족풍의 간결한 표현을 이용하여 이 상황이 "이상적이지는 않았다."라고 보고했다.

생텍쥐페리와 프레보는 카이로 서쪽으로 약 201킬

▶ 이집트 시와 오아시스의 대모래바다 사구

로미터 떨어진 곳에 추락했지만 자신들의 위치가 어딘지 전혀 알 수 없었다. 생텍쥐페리의 전기작가인 스테이시 쉬프에 따르면, 이들이 계속 하늘에 떠서 경로대로 날아갔더라면 자피의 기록을 깼을 가능성이 몹시 높았다고 한다. 추락 당시 예정된 스케줄보다 두 시간가량 빨랐기 때문이다. 그러나 이제는 그 무엇이든 눈곱만큼도 중요치 않았다. 새해 전날 밤이었고 최종기한은 지나버렸으며, 두 남자는 완전히 방향감각을 잃은 채로 갈증에 시달리고 있었다. 둘은 카이로에 도착할 수 있길 바라면서 아무것도 안 보이는 상태로 구불구불한 모래 언덕들을 터덜터덜 내려왔다. 사막 외에는 어떤 것도 만날 수 없는 상태에서 둘은 문명의 흔적을 좇다 운좋게도 방향을 바꿨고, 북동쪽으로 가던 도중 나흘째에 마침내 베두인 상인들과 마주쳤다. 그리고 곧장 와디

나트룬에 있는 라쿠 부부의 집으로 이송됐다.

비행사들이 여러 잔의 차와 위스키로 활기 비슷한 것을 되찾자, 라쿠는 이들을 카이로까지 태워주겠다고 제안했다. 그러나 이후의 여정은 거의 희극에 가깝게 진행되었다. 피라미드로부터 6킬로미터 떨어진 지점에서 자동차 휘발유가 떨어졌고, 휘발유를 구하고 난 뒤엔 기자에 있는 호텔 바에 들러 본국에 자신들의 생사를 알렸으나 가뿐히 무시당하고 말았던 것이다. 호텔 바는 카이로 외곽 24킬로미터쯤 떨어진 곳이었는데, 생텍쥐페리의 전화를 받은 프랑스 당국의 공무원은 자정이 넘은 시간인 데다가 술 취한 사람들이 왁자지껄 떠드는 소리가 배경으로 들리다 보니 이를 장난 전화라고 받아들였다.

카이로에 도착하자 라쿠는 햇볕에 시커멓게 탄 구

◀ 1935년 12월 30일 이집트
사막에 비상 착륙한 앙토안 드
생텍쥐페리의 쿠드롱 시문

▶ 앙드레 프레보와
생텍쥐페리가 1935년 12월
29일 프랑스 파리-르부르제
공항에서 파리-사이공 비행을
떠나기 전에 비행기 앞에서
포즈를 취하고 있다.

질구질한 행색의 두 남자를 콘티넨털 호텔 입구에 내려
놓고 주차하러 가버렸다. 거들먹거리던 도어맨은 이들
을 거지라고 생각해서 호텔에 들어오지 못하게 막았다.
마침 카이로에서는 국제외과학회가 열리고 있었고, 대
표단이 저녁 식사에서 돌아와 우연히 소동이 벌어지는
소리를 들었다. 1월 1일부터 연일 생텍쥐페리와 프레보
의 실종 소식이 신문에 오르내리고 있었기에 사람들은
곧 둘을 알아보고 안으로 들였다. 이들은 호화로운 환
영을 받았고, 목욕과 식사, 그리고 더 많은 양의 위스키
를 제공받았다.

1930년 1월 2일 저녁 늦게, 생텍쥐페리가 호텔 퐁

로얄에 전화를 걸어 자신들이 살아있고 괜찮다는 소식
을 전하자, 로비 전체에서 환호성이 터져 나왔다. 축하
연은 얼마간 계속됐다. 이들의 생존과 안전한 귀환보다
더 기적적인 일은, 생텍쥐페리가 이 시련과 구조의 경
험을 담은 감동적이고 시적인 연대기를 썼다는 사실이
다. 처음에 <랭트랑지장>지에 실렸던 여섯 편의 글은
소소한 수정을 거쳐 《인간의 대지》라는 책으로 다시 만
들어졌고, 많은 이들이 이 책을 생텍쥐페리의 가장 뛰
어난 작품으로 꼽는다.

샘 셀본,
영국으로
항해하다

Samuel Selvon, 1923~1994

1948년 6월 22일 엠파이어 윈드러시 호가 영국 에섹스 주의 틸버리 부두에 들어섰다. 영국의 전후 역사에서 결정적 순간이었다. 배의 이름은 영연방의 이민 세대 전체와 동의어가 됐으며, 이 이민 세대는 1950년대와 1960년대를 통틀어 영국에 정착하도록 지원받았다. NHS(영국 의료보험제도)와 런던교통국 등 국가가 운영 하는 기관에서는 빈자리를 메꾸기 위해 이들을 모집하 기도 했다. 그러나 얼마 안 가 영국을 '모국'이라고 믿으 며 자란 이 새로운 이민자들 일부는 끔찍한 인종적 편 견으로 고통받으며, 자신들의 교육 수준이나 능력에 걸 맞은 일자리나 제대로 된 숙소를 얻기 위해 고군분투할 수밖에 없는 현실과 마주하게 되었다.

트리니다드에서 태어난 작가 새뮤엘 셀본은 그러한 이민자 중 하나로, 태양이 쏟아지는 카리브 해에서 우 중충하고 축축한 영국의 수도로 이동했다. 그리고 한때 대영제국의 고동치는 심장이었던 도시가 옛 식민지에 서 온 신출내기에게는 차갑고 매정한 곳이 될 수 있음 을 깨달았다. 셀본의 작품이 지닌 극도의 강박성은 그 자신의 경험과 직접적인 관찰에서 비롯된 것이다. 비평 가 수크데프 산두는 "그 어디도 새뮤엘 셀본의 작품만 큼 이민자들이 가장 생생하게 존재하는 곳은 없다."라

고 언급했다. 1956년 《외로운 런던 사람들》을 출간한 이래(이 책은 카리브 해 출신 작가가 전적으로 크리올어 관용 구와 말투를 사용해 이야기한 최초의 소설이다), 작가는 그 후 20년 동안 영국의 급증하는 흑인 공동체가 겪는 어 려움을 뛰어난 소설들로 남겼다. 그리고 호레이스 오베 감독과 함께 1975년 최초의 영국령 서인도제도 영화 중 하나인 <압박>의 대본을 썼다.

셀본은 1923년 트리니다드 남부의 준 전원도시 인 산 페르난도의 마운트 모리아 로드에서 태어났다. 1940년 그는 영국 왕립해군예비대에 무전 담당자로 입 대했고, 책을 좋아하는 해군 동료들 중 한 명의 격려를 받아 길고 지루한 교대근무 중에 쉬면서 짧은 이야기들 을 쓰기 시작했다. 전쟁이 끝난 후 그는 수도 포트 오브 스페인에서 <트리니다드 가디언>지에 일자리를 얻었 고 1946년과 1950년 사이엔 자매지 <선데이 가디언> 의 문학 코너를 편집했다. 이 역할로 인해 그는 급부상 하는 젊은 카리브 출신 작가들로 구성된 뛰어난 무리들 을 알게 됐는데 그 가운데는 데렉 월컷, 조지 래밍, 그리 고 V.S.나이폴 등이 있었다. 셀본 자신의 이야기도 서인 도제도에서 가장 잘 나가는 문학지인 <빔>을 통해 발표 되기 시작했다. 또한 당시 비非 백인 작가의 참여를 적

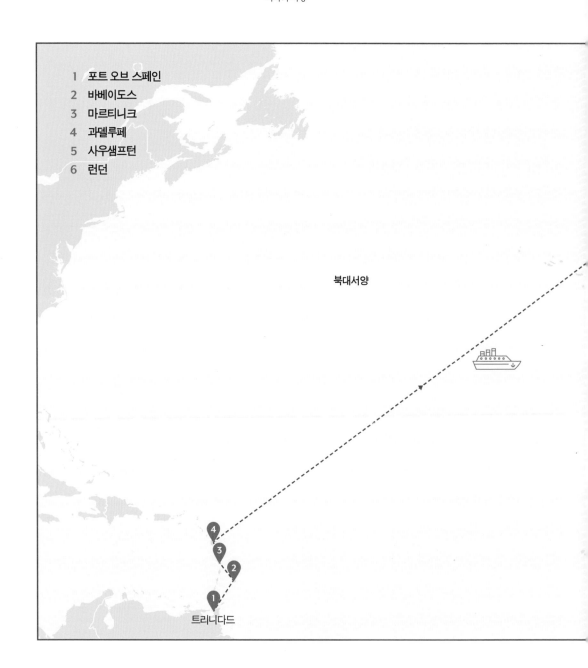

북대서양

트리니다드

◀ 이전 페이지 : 마르티니크

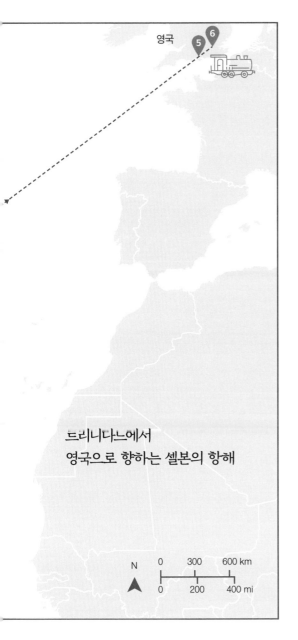

5 **6**

영국

드리니다느에서
영국으로 향하는 셀본의 항해

N   0   300   600 km

0   200   400 mi

배에 올랐다. 그는 몰랐지만 래밍 역시 같은 배로 여행하고 있었고, 같은 해에 나이폴 역시 옥스퍼드에서 장학금을 받기 위해 트리니다드를 떠났다.

나이폴은 영국문학협회가 교육 후원의 일환으로 여행경비도 부담해 준 덕분에 조금 다른 방식으로 여행할 수 있었다. 그는 팬 아메리칸 월드를 타고 뉴욕까지 날아간 후, 대서양을 건너는 정기선의 일등객실을 홀로 쓰며 사우샘프턴으로 갔다. 이는 사실 배의 사무장이 '유색인종' 승객을 예상하지 못했던 덕에 의외의 특혜를 받은 것이었다. 사무장은 다른 백인 관광객들에게 나이폴과 객실을 나눠 쓸 수 있을지 물어볼 엄두가 나지 않았고, 그래서 이 미래의 노벨 문학상 수상자를 일등객실에 처박아두는 것으로 문제를 해결했던 것이다.

반대로 셀본과 래밍은 사실상 프랑스 군대 수송선을 타고 거의 한 달을 보냈다. 이들이 탄 배는 거의 원시적인 수준이었고, 바베이도스와 마르티니크, 과달루페를 거쳐 영국으로 갈 계획이었다. 객실에는 가장 부유한 백인 승객들만 머물 수 있었으며, 셀본과 래밍은 다른 서인도제도 이민자들과 함께 철제 2층 침대가 줄지어 선 커다란 공동침실에서 임시로 지냈다. 이들의 뱃삯은 50파운드였는데, 오늘날로 치면 약 1천 파운드 정도였다. 하지만 그 시대로서는 비교적 충분한 값어치를 했다.

항해 당시 셀본은 이미 트리니다드를 배경으로 삼은 첫 소설《더 밝게 빛나는 태양》의 원고를 쓰고 있었다. 그와 래밍은 여행을 하면서도 계속 글을 쓰기 위해 배의 임페리얼 타자기를 사용하려고 경쟁했다. 두 사람 모두 여행객 동지들의 이야기가 자극이 된다는 것을 깨달았다. 대부분의 서인도제도 젊은이들은 출세하기 위해, 또 돈을 벌기 위해 애쓰고 있었다.

그러나 영국의 첫인상은 전혀 희망적이지 않았다.

극적으로 모색하던 몇 안 되는 기존 방송국인 BBC 라디오도 그의 작품을 전했다.

셀본은 문학적인 야망을 채우려면 런던으로 가야 한다고 느꼈고, 1950년 3월 중순 영국으로 운항하는

래밍은 훗날 살인적인 바람 때문에 먼 곳의 풍경은 바라보지도 못했다고 회상했다. 사우샘프턴에 정박하고 나서야 두 작가 모두 돌아갈 표가 없다는 사실을 떠올렸다. 런던 워털루 역으로 가는 기차에 오르자, 노련한 귀국자들은 처음 이곳을 찾은 서인도 제도 사람들에게 지역을 상세히 설명해 주었다.

진정한 불안감이 둘을 사로잡았다. 런던 종착역에 도착했지만 이민자 대부분은 숙소를 잡아두지 않은 상태였다. 셀본과 래밍은 비교적 운이 좋은 축으로, 영국 문학협회에서 나온 직원들이 사우스 켄싱턴의 퀸스 게이트 가든에 있는 발모랄 호텔로 데려갔다. 이 호스텔은 식민지 학생들이 처음 도착했을 때 자주 추천받는 숙소로, 이들은 "성공한 출판업자의 사무실만 한 크기의 방"에 쑤셔 넣어졌다. 래밍에 따르면 둘은 아프리카에서 새로 도착한 또 다른 학생과 함께 머물렀다고 한다.

셀본은 용광로처럼 특별한 국제도시 런던에서 직업을 얻었다. 처음에는 글쓰기 하나만으로는 생계를 유지할 수 없음을 깨닫고, 베이스워터 지역에서 청소부나 인도 고등 판무관 사무소 사무원으로 일하는 등 다양한 직업을 전전했다. 그리고 음울한 아파트에서 나와, 지금은 고급주거지이지만 당시엔 평판이 좋지 않던 웨스트런던 지역의 또 다른 음울한 아파트로 이사했다. 이 모든 사건들은 그의 소설 속에 자리 잡아 초창기의 다문화 영국과 카리브 해 식민지들의 변화 등을 비추는 초상이 되고 있다.

▲ 1949년 런던 웨스트민스터 브리지의 교통.

▶ 1956년 영국 사우샘프턴 부두에 내린 서인도제도 이민자 무리

브람 스토커,
휘트비에서
드라큘라를 엿보다

Bram Stoker, 1847~1912

작가들은 종종 어디서 아이디어를 얻었는지에 관한 질문을 받는다. 간단히 답하기가 어렵기 때문에 거의 대부분의 작가들이 두려워하는 질문이다. 그러나 피를 빨아먹는 트란실바니아 흡혈귀를 다룬 공포물 《드라큘라》를 쓴 브람 스토커의 대답은 명확하다. 어느 날 밤 꾼 악몽에서 착안했다는 것이다. 1890년 3월 14일 그는 꿈속에서 목을 깨물려는 마녀들과 어느 소름 끼치는 늙은 백작의 불경스러운 모습을 보았고, 이 꿈을 공책에 급히 적어 내려갔다.

오스카 와일드와 동시대 작가이자 친구인 스토커는 1878년 아일랜드에서의 공무원 경력을 포기하고, 런던의 유명 배우 헨리 어빙의 '믿음직스럽고 충실하며 헌신하는 종'이 되었다. 스토커와 어빙이 극단에서 이어가던 야행성 생활과 직업적인 관계(어빙은 자기중심적이고 난폭하며 요구사항이 많았으며, 스토커는 어빙의 업무관리자이자 잡역부, 그리고 조력자였다)가 《드라큘라》에 등장하는 두 명의 주인공과 비슷하다는 점은 오래전부터 주목받았다. 열정적인 부동산 중개인 조나단 하커와 최면술을 쓰는 흡혈귀 말이다.

1881년부터 스토커는 환상적인 모험을 담은 작품들을 발표했고, 한 문학 연구가로부터 "대부분은 형편없다."는 퉁명스러운 평을 받기도 했다. 그럼에도 1890년 악몽을 꾼 후부터는 흡혈귀에 관한 이야기를 써 내려갔고, 그 결과 일종의 축약본인 《왐피르 백작》을 내놨다. 그해 7월, 어빙과 함께 스코틀랜드 순회공연을 마친 뒤 지칠 대로 지친 스토커는 휴가를 보내려고 노스 요크셔 해안의 휘트비로 갔다. 이 그림 같은 어촌마을은 에스크 강 양쪽으로 솟은 동쪽의 이스트 클리프와 서쪽의 웨스트 클리프 위에 자리하고 있었고, 양 절벽은 배들이 지나갈 수 있도록 선개교로 연결되었다. 이곳은 이웃한 스카보로보다 조용한 휴가지로 인기가 높았다.

휘트비에는 초승달 형태로 집들이 늘어선 근엄한 거리가 있고(스토커는 비제이 부인이라는 사람이 운영하는 로얄 크레센트 6번가의 민박에서 묵었다), 예스러운 낚시 오두막과 분주한 부두, 모래 해안, 북해의 압도적인 광경을 바라보며 술을 마실 수 있는 넉넉한 돌출부도 있었다. 주변의 광경 중에서는 이스트 클리프 위로 어렴풋이 솟은 11세기 고딕 성당의 잔해가 가장 두드러졌다. 867년 데인인들이 파괴한 옛 수도원 자리에 세워진 성당이었다. 폐허 옆으로는 공동묘지와 아주 오래된 세인트 메리 교구 교회가 있었는데, 스토커 시대의 한 여행 안내서에 따르면 "기독교 골동품" 같은 곳이었다. 여행서는 또한 "외관이 추한 만큼 방문객들은 내부구경을 꺼리는데, 내부는 훨씬 더 추하지만 바로 그 점 때문에 들여다볼 가치가 있다."라고 덧붙이기도 했다.

스토커 자신의 관점을 반영한 듯 《드라큘라》의 미나 머레이는 이 묘지에 대해 "휘트비에서 가장 멋진 장소다. 바로 위에서 마을을 내려다보고 있기 때문이다. 묘

지를 관통하는 산책로가 나 있고 그 곁으로 앉을 만한
자리도 있다. 그리고 사람들은 그리로 가서 온종일 앉
아 있다."라고 설명한다. 여기서 언급한 자리 하나와 이
스트 클리프로 오르는 199개 계단은 소설의 결정적인
장면에서 다시 등장한다.

스토커는 휘트비에서 체류하는 동안 난파선과 선원
들의 미신에 대한 이야기를 듣고, 이를 이웃들에게 꼬
치꼬치 캐물었던 것으로 알려져 있다. 아마 스토커는
러시아의 종범선 드미트리 호가 1885년 폭풍으로 인
해 난파되어 해변으로 밀려온 이야기를 그때 처음 들은
것으로 보인다. 이 배가 모래 위에 엎어져 있는 모습이
담긴 사진작가 프랭크 메도우 서트클리프의 흑백사진
을 보았을 가능성도 있다. 이 배는 소설에서 데메테르
호가 되었는데, 데메테르 호는 드라큘라와 트란실바니
아의 흙을 담은 관들을 싣고 흑해를 건너 영국으로 온
다. 이 배는 휘트비로 밀려오고, 선원들에게 벌어진 일
을 보여주려고 자신을 타륜에 꽁꽁 묶은 선장의 시체가
드러난다. 이들의 끔찍한 운명은 스토커가 소설 속에서
이야기를 풀어가고 긴장감 넘치는 행위를 강조하기 위
해 사용한 수많은 서간체의 장치(일기, 편지, 일지 등) 중
하나인 데메테르 호의 항해일지에서 드러난다. 이 항해
일지의 내용, 그리고 데메테르 호가 난파당했으며 드라
큘라가 이 해변에 도착한 뒤 덩치 큰 개의 모습으로 뱃
머리에서 튀어나와 묘지로 달려가서 즉각 자취를 감추
었다는 설명은 미나가 일기장에 오려 붙인 신문 기사를
통해 전달된다.

스토커의 기준에서 《드라큘라》는 매우 오랜 세월
에 거쳐 구상한 작품으로, 6년에 걸쳐 완성했고 1897
년에서야 출간됐다. 소설 중 일부는 스토커와 가족들이
1890년대 여러 번의 여름을 보낸 스코틀랜드의 크루덴
베이에서 썼다. 그의 미망인 플로렌스는 이곳이 "스

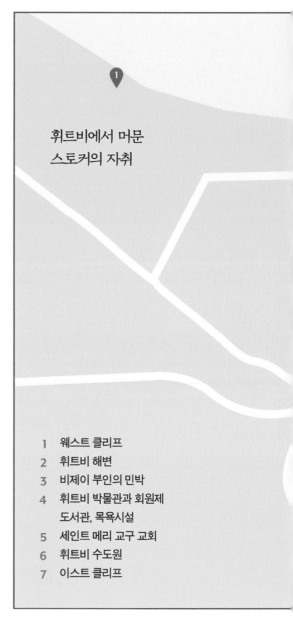

**휘트비에서 머문
스토커의 자취**

1   웨스트 클리프
2   휘트비 해변
3   비제이 부인의 민박
4   휘트비 박물관과 회원제
     도서관, 목욕시설
5   세인트 메리 교구 교회
6   휘트비 수도원
7   이스트 클리프

코틀랜드 동쪽 해안의 외로운 지역"으로 스토커는 "물
건에 담긴 영혼에 집착하는 것처럼" 보였으며 몇 시간
동안이나 "커다란 박쥐처럼 해변에 웅크리고 앉아 생
각에 잠겨 있었다."고 회상했다.

스토커는 단 한 번도 트란실바니아를 방문하지 않았다. 그러나 휘트비는 그의 상상력을 자극했고 소설에서 가장 시선을 사로잡는 부분들의 배경을 제공했다. 또한 제목과 주인공의 이름뿐 아니라 소설 속 여러 필

◀ 이전 페이지 : 휘트니 풍경

수요소에 대한 아이디어 또한 안겨주었다. 1890년 8월 휘트비 박물관과 회원제 도서관, 그리고 부두 끄트머리의 커피하우스 내 목욕시설 등에서 스토커는 윌리엄 윌킨슨이 쓴 《왈라키아와 몰다비아 공국에 대한 설명》 Account of the Principalities of Wallachia and Moldavia을 발견했다. 고인이 된 '부쿠레슈티 주재 영국 영사'가 현 루마니아 지역에서 겪은 경험들을 다룬 이 회고록은 1820년에 출간됐고, 카르파티아 산맥의 설화와 풍경에 대한 정보를 담고 있는 보물상자였다. 그 지역 도로들의 끔찍한 상태에 대해서도 충분히 다루고 있었다.

스토커는 태양을 피하고 싶은 백작이 들려주는 이야기에 그 회고록의 여러 요소들을 집어넣었다. 가장 중요한 사실은, 스토커가 바로 이 책을 통해 14세기 무

시무시한 지배자 왈라키아 블라드 3세(블라드 체페슈, 가시 공작 블라드, 그리고 드라큘라라고도 알려져 있다)를 알게 됐다는 것이다. 윌킨슨의 기록에 따르면 드라큘라라는 이름은 "왈라키아 어로 악마를 의미"했으며 이 이름은 용기와 잔혹한 행위, 또는 교활함이 두드러지는 사람에게 부여되는 성이었다고 한다. 스토커는 예상대로, 그리고 현명하게도 소설 초고에 쓰인 '왐피르 백작'을 지워버리고 그 이름을 '드라큘라 백작'으로 바꿨다.

◀ 황혼 무렵의 휘트비 수도원과 묘비들

▼ 1885년 영국 휘트비로 밀려온 러시아 정기선 드미트리 호의 잔해

실비아 타운센드 워너,
에섹스 습지에서
시를 찾다

Sylvia Townsend Warner, 1893~1978

이탈리아 작가인 이탈로 칼비노는 '모든 지도는 여행의 아이디어를 품고 있다.'고 주장했다. 그리고 실비아 타운센드 워너는 1922년 여름 특별한 지도를 구입한 덕에 인생을 완전히 바꿔놓은 여행을 떠나게 된다. 훗날 글로 남겼듯, 워너는 어떤 "가정사"로 인해 7월의 어느 날 런던 베이스워터의 퀸즈로드(현재의 퀸즈웨이)에 있는 자신의 아파트에서 그리 멀지 않은 휘틀리 백화점의 '염가판매 코너'로 향했다. 이 날의 매대엔 다양한 지도들이 진열되어 있었고, 그녀는 저도 모르게 에섹스 지역을 그린 바르톨로뮤식 지도를 사고 말았다. 단 한 번도 방문해 본 적 없는 곳이지만 종이 위에 초록색과 파란색으로 조각조각 이어진 습지와 개울들에 마음을 빼앗긴 그때, 지도 위에 표시된 특별한 이름이 눈에 들어왔다. 워너는 손가락으로 이름들을 짚어보다가 올드 쉬릴, 하이 이스터, 윌링게일 스페인과 쉘로우 보웰스 같이 모호한 작은 마을과 읍내의 이름들이 만들어내는 시적 음률에 즐거워졌다.

그해 8월, 공휴일이 낀 긴 주말이 되자 워너는 에섹스 주를 탐험해 보기로 결심했고, 펜처치 스트리트 역에서 열차를 탔다. 열차역은 사우스엔드-온-시의 휴양 도시로 떠나려는 여행객들로 북적였다. 사우스엔드-온-시는 런던의 노동자 계급 가정이 놀고, 일광욕을 하고, 소금기 가득한 공기를 쐬려고 즐겨 찾는 템스 강 근처의 전통적인 여행지였다. 워너는 열차를 타고 슈베리니스 종착역까지 가서, 그곳에서 그레이트 웨이커링까지 가는 버스를 탔다. 공교롭게도 베이스워터의 집에 지도를 놓고 왔으나 "그레이트 웨이커링은 파란색 개울이 흐르는 초록색 지역에 있었다."라는 점을 기억해 냈고 그곳에 도착해서는 습지를 따라 걷다가 초록빛 기슭 뒤로 개울이 흐르는 것을 발견했다. 물과 땅, 부드러움과 단단함 간의 구분이 분명 모호해지는 풍경에 넋을 잃은 그녀는 이렇게 회상했다.

나는 한동안 거기 서서, 천천히 물이 흐르는 풍경과 늙은 백마가 저 멀리 언덕에서 풀을 뜯는 모습을 지켜보았다. 나는 개울을 따라 걸었다. 바보같이 개울을 건널 방법이 있으리라 생각한 것이다. 개울은 사방으로 소용돌이쳤고, 나는 초록빛 나지막한 기슭이 섬이라는 사실을 깨달았다. 나는 다시 한번 감탄하며, 이번에도 오랫동안 그곳에 우두커니 서서 내 마음이 조류와 함께 마음껏 표류하게 내버려 두었다.

그러다 그녀는 길을 잃고 갑자기 불어온 폭풍우에 갇혔다. 다행히도 근처 외양간에 대피해 있던 한 농부를 만나 그의 집으로 가게 되었는데 농부의 아내는 갈아 입을 보송보송한 옷과 진한 차 한 잔을 내준 것은 물론, 워너가 길을 떠나기 전에 딸의 두터운 모직 바지를 입혀 준 뒤 영양가 넘치는 저녁 식사도 차려줬다.

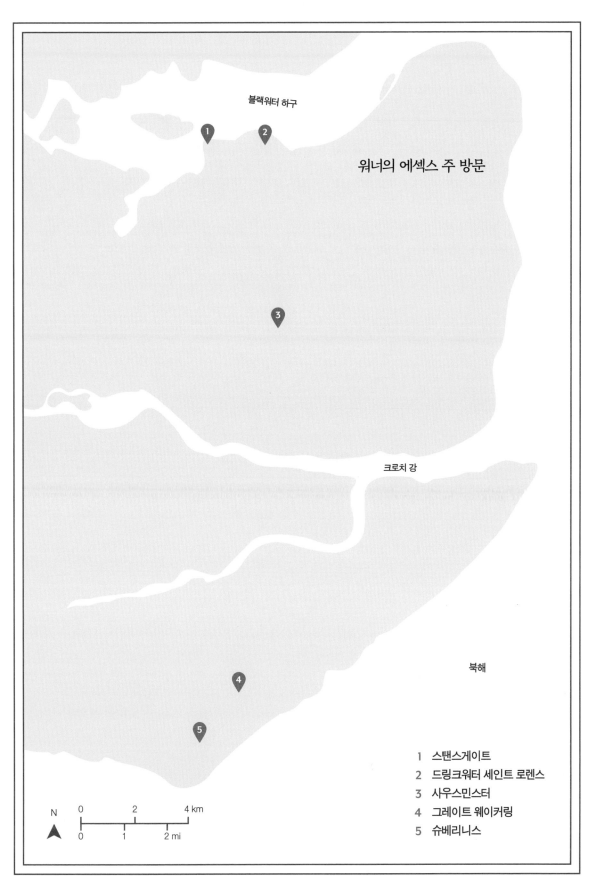

블랙워터 하구

워너의 에섹스 주 방문

3

크로치 강

북해

4

5

N

0   2   4 km

0   1   2 mi

1 스탠스게이트
2 드링크워터 세인트 로렌스
3 사우스민스터
4 그레이트 웨이커링
5 슈베리니스

워너는 이 모든 경험에 마음을 빼앗겼다. 그녀는 이른 시일 내에 다시 에섹스 주에 가야겠다고 마음먹었고, 탐험에 더 오랜 시간을 쓰기 위해 여관에 머물기로 했다. 이번에 그녀는 지도에 나온 길을 따라 블랙워터 강 하구의 스탠스게이트로 가기 위해 리버풀 스트리트역에서 사우스민스터 행 열차를 탔다. 또 한번 그녀는 몹시도 신비로운 광경에 혼이 나가버렸다. 블랙워터의 습지는 "짙은 색을 띠고, 듬성듬성 나무가 섰으며, 느릅나무가 덤불을 이루거나 버드나무가 흩어져 서" 있었다. 그리고 워너는 강 하구로 이어지는 작은 방파제 근처에 앉아 "나무 뒤로 항해하는 작은 배는 마치 땅 위를 건너는 것처럼 보인다."며 감탄했다. 그러나 지도를 들여다보다가 자기가 믿었던 것과는 달리 근처에 여관이 하나도 없음을 깨달았다. 돌이켜보면 워너가 "신의 뜻에 따라 길을 잃은 것"이라고 주장했을 법도 하다. 한 소년이 길을 따라 걷다 보면 나오는 세인트 로렌스의 드링크워터에 메이 부인의 농가가 있고, 부인이 그곳에서 하룻밤 머물게 해줄 것이라고 밀어줬기 때문이나.

메이 부인은 몹시도 흔쾌히 이 낯선 이를 재워주었고, 둘은 한눈에 서로를 좋아하게 됐다. 다음 날 아침 커다란 도기 세면대가 달빛처럼 어스름하게 빛나는 방에서 눈을 뜬 워너는 창문으로 달려가 에섹스 습지를 내려다보았다. 온 세상을 덮었던 이슬이 눈앞에서 사라지며 농장과 별채, 정원, 그리고 과수원이 또렷이 떠오르는 광경을 구경하며 감탄했다. 그리고 메이 부인을 만나자마자 하룻밤 더 묵게 해달라고 부탁했다.

워너는 종일 습지에서 시간을 보낸 뒤 저녁에는 메이 가족과 따뜻한 시간을 보낼 기대에 부풀어 올랐다.

◀ 영국 에섹스 주 블랙워터 하구에서
   저 멀리 보이는 오시아 섬의 해안선

든든한 지도와 프랑스 시인 프랑수와 비용의 《유언》을 들고 길을 나선 그녀는 블랙워터에 도착하자 하구 옆 잔디밭에 앉았다. 그렇게 시집을 읽다가 가끔 고개를 들어 주변을 둘러보기도 하던 중, 워너는 진정한 자기 계시를 경험했다. 작가는 훗날 이렇게 설명했다. "나는 내가 머물고 싶은 장소에 머물면서, 우주를 관통하는, 열정적으로 고요한 그 신비한 감각을 깨달았다."

결국 워너는 에섹스 습지에서 메이 가족과 함께 한 달을 보냈다. 그러면서 지역의 모든 구석을 파악했고, 풍경뿐 아니라 에섹스 주에만 거주하는 소규모 청교도 기독교 종파인 '신의 선민Peculiar People'을 포함해 현지 주민들에게 매료됐다. 또한 "시로 쓸 수 있는 발견"을 하기도 했다. 워너는 시험 삼아 희곡과 소설을 써보았고, 처음으로 발표한 작품인 〈제일선 뒤에서〉라는 장문의 글은 1916년 2월 〈블랙우드〉지에 게재됐다. 그녀를 시인으로 만들어주고 작가로서 움트게 한 것은 바로 에섹스 주의 습지였다.

그해 말, 워너는 데이비드 '버니' 가넷과 함께 하루 동안 블랙워터를 방문했다. 가넷은 《여우가 된 부인》으로 1922년 제임스 테이트 블랙 기념상을 받았고 영국 박물관에서 모퉁이를 돌면 나오는 '비렐 앤 가넷 서점'을 공동소유한 블룸즈버리 그룹의 중심인물이었다. 둘은 안 지 얼마 되지 않았지만, 첫 만남에서부터 워너가 에섹스의 아름다움을 하도 열정적으로 설명한 덕에 함께 덴지 반도에 가기로 했다. 처음에 가넷은 춥고 어둑어둑한 겨울날에 "넓은 하늘 아래로, 끝이 보이지 않는 회색빛 수평선을 향해 펼쳐진 회색빛 들판을" 터덜터덜 걷는 느낌이 워너만큼 강렬하게 와닿지 않았다. 그럼에도 "회색 습지에는 그 자체로 구슬프고 괴기스러운 아름다움을 가졌다."고 말했다.

런던으로 돌아가는 느리고 추운 열차 안에서 머리끝부터 발끝까지 진흙이 튄 워너는 너무 지쳐서 입을 열수도 없었지만, 가넷에게 읽어보라고 자기 시를 몇 편 건네주었다. 이 시들의 우수성을 즉각 확신한 그는 이것을 채토 앤 윈더스 출판사의 편집자였던 찰스 프렌티스에게 보내기로 결심했다. 원고를 받은 프렌티스는 더 많은 작품을 읽어보길 바랐을 뿐 아니라 예상대로 시집을 출판했다. 또한 워너가 쓴 이야기나 소설은 더 없는지 물으며, 결국 《롤리 윌로즈》의 초고를 건네받았다. 이 책은 (그러니까 문자 그대로) 악마를 찾아간 한 노처녀에 관한 아찔하고 눈부신 이야기인데 1926년 발표된 이후 센세이션을 일으켜서 오늘날에도 여전히 그녀의 대표작으로 남아 있다. 그러나 워너가 거닐던 에섹스 주의 지형이 강렬한 영향력을 발휘한 작품은 두 번째 소설이자 큐피드와 프시케의 이야기를 재구성한 《진정한 사랑》이었다. 소설 속 '뉴 이스터'라는 가상의 배경은 처음에 바르톨로뮤식 지도에서 워너를 사로잡은 그 기묘한 지역과 관련되어 있다.

▲ 데이비드 가넷의 초상 ▶ 영국의 블랙워터 강과 에섹스 습지

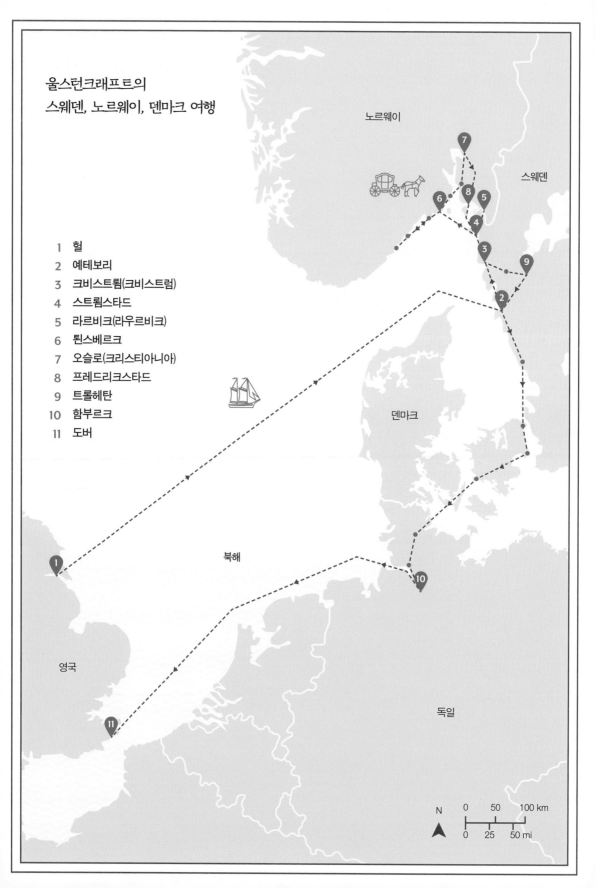

울스턴크래프트의
스웨덴, 노르웨이, 덴마크 여행

노르웨이

스웨덴

1 헐
2 예테보리
3 크비스트룀(크비스트럼)
4 스트룀스타드
5 라르비크(라우르비크)
6 튄스베르크
7 오슬로(크리스티아니아)
8 프레드리크스타드
9 트롤헤탄
10 함부르크
11 도버

덴마크

북해

영국

독일

N   0   50   100 km
     ├──┼──┼──┤
     0   25   50 mi

메리 울스턴크래프트, 스칸디나비아에서 무너진 가슴을 달래다

Mary Wollstonecraft, 1759~1797

메리 울스턴크래프트는 1795년 6월 말, 영국 헐에서 스웨덴 예테보리로 여행을 떠났다. 고작 한 달 전에 울스턴크래프트는 자살을 시도했었다. 급진적인 페미니즘 서적 《여권의 옹호》를 쓴 작가가 부도덕한 미국 사업가 길버트 임레이와의 불행한 연애로 인해 스스로 삶을 끝내려 했던 것이다. 그 여행에서 울스턴크래프트는 임레이를 대신해 스칸디나비아로 가서 실종된 배와 은 밀수에 관한 금전적인 문제를 해결하기로 했고 (적어도 그녀 생각에) 이 결정은 결국 암묵적인 화해와 같은 것이었다. 반면에 임레이에게 이 계획은, 돈 문제는 차치하고서라도 이 골치 아픈 작가를 그저 잠시 머릿속에서 몰아내기 위한 것이었다. 아마도 그는 북쪽의 얼음 나라에서 조금 시간을 보내다 보면 열정을 식히는 데에 도움이 될 것이라고 (잘못된) 확신했으리라.

그렇게 북유럽 국가에 도착한 울스턴크래프트는 한 살짜리 아기와 프랑스인 보모를 동반하여 다니며 사업에 관해 논의했는데, 이는 매우 보기 드문 일이었다. 오늘날 스웨덴과 노르웨이, 덴마크는 남녀평등에서 존경스러운 성적을 기록하고 있지만, 200년 전의 상황은 달랐다. 울스턴크래프트는 스웨덴 여성들이 혼자 산책을 나가길 바라는 것조차 충격적으로 여기고 혼란스러워

하며, 이 나라에서 처음 만난 상대방 중 한 명에게 '남자들이 해야 할 질문'을 했다는 이유로 점잖게 질책당했다는 사실 또한 토로했다.

울스턴크래프트는 스피탈필즈에서 태어났다. 당시의 스피탈필즈는 시티 오브 런던의 동쪽에 있는 부유한 교외 지역으로, 명주와 관련된 일을 하는 프랑스 프로테스탄트 교도인 위그노 이민자들이 많이 살았다. 울스턴크래프트의 할아버지는 방식공 출신이었고, 무역업으로 성공했다. 그리고 작가가 태어날 때쯤 가족들은 부족함 없이 지내고 있었다. 그러나 불행히도 울스턴크래프트의 아버지인 에드워드는 침울하고 변덕스러운 알코올중독자였고, 취미로 농사를 짓는 귀족이 되겠다는 헛된 꿈을 좇으며 재산을 날렸다. 덕분에 가족은 에섹스 주 바킹과 요크셔 주 이스트 라이딩에 있는 베벌리 외곽의 소도시 등으로 끊임없이 옮겨다닌 건 물론이고, 지방의 대지주가 되길 원하는 아버지의 뜻에 따라 에섹스 주의 에핑 포레스트로 이주하기까지 했다. 울스턴크래프트는 베벌리의 학교에서 수업을 받으며 처음으로 성 불평등에 대한 개념을 깨달았다. 남자 형제들이 지역 중등학교에서 라틴어와 역사, 수학을 공부하는 동안 그녀와 여동생들은 근처에 있는 여학생용 기관에서 오

직 간단한 산수와 바느질만 배울 수 있었기 때문이다.

1783년 울스턴크래프트는 친구 패니 블러드와 함께 런던의 뉴잉턴에 여학생들을 위한 진보적인 통학학교가 있다는 것을 발견했다. 이 지역에는 다른 비非 성공회 교도들과 함께 예배를 들을 수 있는 데다 정치개혁의 필요성과 노예제도 폐지를 위한 회의가 열리는 유니테리언 교회도 있었다. 2년 후 울스턴크래프트는 처음으로 작품을 출간했다. 그녀의 첫 번째 문학작품은 여성과 교육학에 관한 162페이지 분량의《딸들의 교육에 관한 고찰》이었다. 이 책이 긍정적인 평가를 받자 출판업자 조셉 존슨은 작가에게 비평과 번역 일거리를 계속 제공하기로 합의한 뒤 그녀의 후속작들을 출간했다. 그 덕에 울스턴크래프트는 이 시대의 여성으로서는 극도로 이례적으로 교사 일을 그만두고 글쓰기만으로 생계를 유지할 수 있었다.

작가나 출판업자 모두 소재를 낭비해선 안 된다고 믿었기 때문에, 그녀의 스칸디나비아 여행을 다룬 또 다른 책《길 위의 편지》가 나왔다. 1796년에 출간된 이 책은 울스턴크래프트가 살아 있는 동안 나온 마지막 작품이면서 그녀의 경력에서 가장 큰 호평을 받고 상업적으로도 성공을 거둔 책이다. 이름을 밝힐 수 없는 아이의 아버지에게 쓴 스물다섯 통의 편지로 구성된 책으로, 매우 현실적이면서도 어쩐지 감정을 자극하면서 가끔은 철저히 분개하는 개인적인 서신들이 기반이 되었다. 울스턴크래프트는 스웨덴의 해안에서 노르웨이로, 그리고 다시 덴마크를 거쳐 독일의 함부르크로 내려갔다가 그곳에서 배를 타고 영국으로 돌아가는 여정 동안 임레이에게 편지를 썼었다.

울스턴크래프트는 몇 주간 예테보리에서 보모에게 딸을 맡겨두고 스웨덴의 라르비크, 크비스트룀, 그리고 스트룀스타드를 방문했고, 노르웨이로 건너가서는 오

▼ 노르웨이
  에우스트아그데르 주의
  리쇠르 근처 피오르드

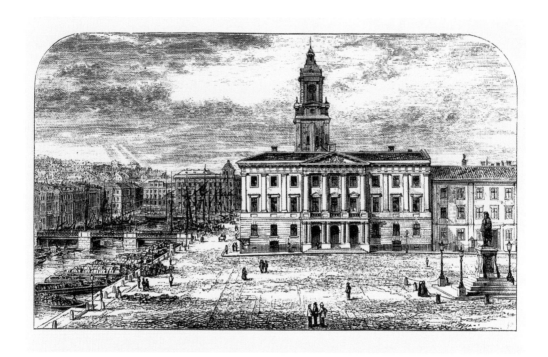

슬로(당시의 크리스티아니아)를 방문해 덴마크 왕 밑에서 자유를 즐기는 이 나라 시민들에게 경탄했다. 그녀는 아마도 노르웨이의 퇸스베르크에서 가장 행복했던 것 같다. 7월 말까지 한동안 머무르면서 산책을 하고 말을 타며 바다에서 수영을 하는 즐거운 시간을 보냈고, 차분히 존슨에게 편지를 쓰기도 했다. 이곳에서의 문학적 노력은 임레이로부터 해방될 수 있는 발전적인 방식이 되었고, 신선한 공기와 감격스러운 풍광은 그녀의 신체적이고 정신적인 행복감을 강화해 주었다.

《길 위의 편지》는 모든 낭만적인 방랑 여행에 필요한 첨사!을 제시해 주었다. 연인에게 버림받은 처량하고 구슬픈 여행자가 멀고도 험악한 지역들을 여행하며 일인칭 시점으로 쓴 글이었기 때문이다. 울스턴크래프트의 정서적 상태는 종종 시적으로 묘사된 바위투성이 지형에 그대로 반영되기도 하지만, 그녀가 스웨덴과 노르웨이, 덴마크에서 만난 사람들의 법과 관습에 대한 사회환경론적 정보도 상세히 넘쳐난다.

노르웨이 프레드리크스타드와 스웨덴의 트롤헤딴의 폭포들에 대한 울스턴크래프트의 묘사는 새뮤얼 테일러 콜리지가 제너두의 신화적인 강을 시적으로 표현할 때 어느 정도 영감을 안겨줬다고 한다. 그리고 이와 유사하게, 그녀의 딸 메리 셸리가 괴물을 창조해 낸 빅터 프랑켄슈타인을 북반구의 얼어붙은 버려진 땅으로 보내버린 이유 역시 자기 어머니가 몹시도 추운 이 지역들을 여행하며 쓴 글들에서 비롯된 것으로 보인다.

마침내 임레이에게서 벗어나 사회 철학자이자 정치 사상가인 윌리엄 고드윈과 서로 충만한 관계를 맺게 된 울스턴크래프트가 셸리를 낳고 열흘이 채 안 되어 세상을 떠난 것은 엄청난 비극이다. 그러나 고드윈은 그녀의 마지막 작품을 흠모하는 많은 독자들에게 이렇게 말했다. "그렇지 않았더라면, 읽는 이가 거부할 수 없을 정도로 마음을 사로잡는 이 여행기는 결코 언론에 보도되지 못했을 것이다."

◀ 1800년 경 오슬로(당시의 크리스티아니아), 판화

◀ 1800년 경 스웨덴 예테보리, 판화

버지니아 울프,
그리스가
전부가 되다

Virginia Woolf, 1882~1941

1939년 버지니아 울프는 수필 <지난날의 스케치>에서 "그리스인에 대해 처음 들은 것"은 오빠 덕이었다고 회상했다. 토비 '고스' 스티븐은 힐링던의 사립학교에 입학하고 나서 처음 집으로 돌아온 날 헥토르와 트로이의 이야기를 들려주며 울프를 즐겁게 해 주었다. 울프 자신은 1897년 킹스 칼리지 런던의 여학생용 부속기관에서 조지 워드로부터 고대 그리스어를 배우게 됐다. 1902년에는 고전학자 재닛 케이스에게서 개인교습을 받았고, 이 가르침은 언어를 다룬 울프의 수필 <그리스어를 모른다는 것>의 바탕이 되었다.

1906년 9월 울프는 여동생 바네사와 연상의 친구인 바이올렛을 데리고 난생처음 그리스로 여행을 떠났다. 토비와 가장 어린 동생인 에이드리언이 먼저 그리스로 떠났고, 이후 올림피아에서 만나기로 약속했다. 울프는 지도와 여행안내서를 살살이 공부하며 여행을 준비했다. 그러면서 자신이 배우고 상상했던 고전의 나라가 몇 세기 동안 오스만 제국의 지배를 받은 다음 세워진 현대 그리스 국가와 비교해서 지리적으로 어느 위치에 있었는지 궁금해했다.

버지니아와 바네사, 그리고 바이올렛은 우선 이탈리아에서 브린디시까지 열차를 타고 움직였다. 그 후 보트를 타고 그리스의 파트레로 갔으며, 다시 몹시도 느린 열차를 타고 올림피아로 향했다. 울프는 열차역과 프락시텔레스가 조각한 고대 그리스의 헤르메스 상이 바로 인접해 있다는 생각에 현기증이 날 정도였다.

울프의 전기작가인 허마이온 리에 따르면, 울프는 현대 그리스 세계에 어쩐지 질겁하곤 했는데 코린토스의 호텔에 서식하던 빈대와 거지들이 그 같은 부정적인 반응에 영향을 미쳤다고 한다. 울프는 아테네의 현대적인 부분, 그리고 "고대 그리스어를 이해하지 못하는" 현대의 아테네 시민들을 두고 "비非 아테네적이다."라고 평가했다. 그리고 일기에서 현대의 그리스가 "너무나 조잡하고 허술"해서 "옛날의 가장 거친 파편과 부딪혔을 때… 완전히 산산조각 나고 만다."고 썼다.

그러나 아테네의 위엄 있는 동네들과 그 비좁은 거리를 보면서는 어린 시절의 대부분을 보낸 콘월의 세인트 아이브스를 떠올렸다. 편지를 통해 '그 꼭대기에 오르기 위해 유럽을 가로질러 왔다'고 했던 아크로폴리스는 실제로도 그녀를 실망시키지 않았다. 1922년 발표된 소설 《제이콥의 방》 배경 중 일부는 그리스인데, 울프는 아크로폴리스의 광경을 떠올리며 이렇게 썼다. "한편에는 히메투스 산과 펜텔레쿠스 산, 리카베투스 산이 있고 그 반대편에는 바다가 있었다. 해가 질 무렵 파르테논 신전에 서 있노라면, 눈으로 들어오는 분홍색 깃털 구름이 덮인 하늘과 온갖 색깔의 평원, 그리고 황갈색 대리석으로 숨이 막힐 것만 같다."

노새를 타고 펜텔레쿠스 산을 올랐던 나들이를 포함해 그리스 여행에서 경험한 여러 가지 사건들은 1915년

울프의 데뷔작 《출항》에서 제자리를 찾아 등장한다. 다만 이 책은 표면적으로는 남아메리카로 항해하는 한 무리의 영국 승객들을 다루고 있다.

역사적인 장소를 찾아가는 울프의 여행은 엘레우시스와 나브플리온(나플리아)의 요새, 에피다우로스의 원형극장, 미케네의 거대한 무덤들 등을 아우른다. 티린스에서는 "호메로스 시대의 궁전"을 보며 "선사시대에 속할 뿐, 영국의 성과 똑같다."고 평가했고, 에비아 섬의 아키메타가에서는 고고학자들이 폐허 속에서 작업하는 모습을 관찰했다. 또한 에비아부터 배를 타고 다르다넬스 해협을 건너 이스탄불(당시의 콘스탄티노플)로 건너갔고, 이곳 하기아 소피아에서 저녁기도를 하는 신자들을 보았다.

바네사는 그리스에서 지내는 동안 대부분 아팠다. 항해 중에 맹장염으로 드러누운 바네사는, 아테네에서 버지니아와 다른 형제들이 먼 곳까지 탐험하는 동안 거의 호텔에 틀어박혀서 바이올렛의 간호를 받아야 했다. 10월 14일 토비는 런던으로 떠났고, 나머지 사람들은 바네사의 건강이 좋지 못함에도 좀 더 느긋하게 지내다가 집으로 돌아가기로 했다. 오리엔트 특급열차를 타고 이스탄불에서 벨기에의 오스텐더로 갔고, 이어서 페리를 타고 도버로 항해했으며 드디어 1906년 11월 1일 영국에 도착했다.

그러나 런던으로 돌아온 이들은 토비가 끔찍한 열과 설사에 시달리고 있음을 알게 됐다. 말라리아라고 진단했던 주치의는 환자의 상태가 계속 악화되자 마침내 장티푸스라는 걸 깨달았다. 처음에는 예후가 좋았지만, 11월 17일 수술을 받은 뒤 상황은 더욱 나빠졌고, 사흘 뒤 그는 겨우 스물여섯의 나이에 세상을 떠났다.

토비는 런던의 자기 집에서 생각이 비슷한 친구들끼

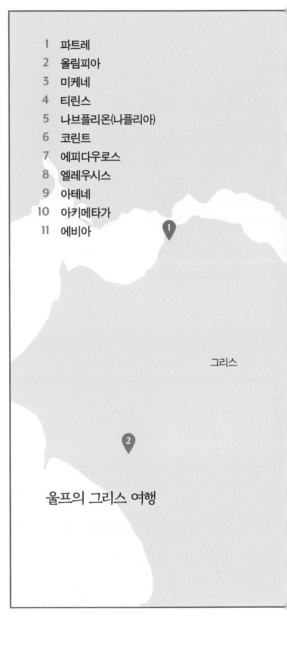

그리스

울프의 그리스 여행

지중해

N

0   20   40 km

0   10   20 mi

◀ 이전 페이지 :
아테네의 아크로폴리스

리 모이는 정기적인 목요일 밤 모임을 처음 시작한 사람으로, 작가와 화가들로 구성된 블룸즈버리 그룹의 창시자라고 할 수 있다. 울프는 오빠와 함께한 그리스에서의 시간과 추억을 소중히 여겨 《제이콥의 방》을 쓰면서 토비를 기렸다. 이 작품에서 제이콥은 토비와의 경험과 특징을 많이 공유하는 인물로 그려진다.

◀ 1906년 경
  에피다우로스 극장, 판화

▼ 1902년 경
  토비 스티븐의 초상

주요 참고문헌 : 전기와 자서전

한스 크리스티안 안데르센

한스 크리스티안 안데르센: 새로운 삶 *Hans Christian Andersen:*
　A New Life, trans Andersen, Jens(Duckworth, 2006).
한스 크리스티안 안데르센: 유럽의 증인 *Hans Christian*
　Andersen: European Witness, Binding, Paul(Yale
　University Press, 2014).
한스 크리스티안 안데르센 *Hans Christian Andersen,*
　Godden, Rumer, (Hutchinson, 1955).

마야 안젤루

하나님의 모든 아이들에겐 여행용 신발이 필요하다
　All God's Children Need Traveling Shoes, Angelou,
　Maya(Random House, 1986).
아프리카에서 마야 안젤루와의 만남 *'Maya Angelou's*
　Meeting with Africa', Lubabu, Tshitenge, The Africa
　Report, 16 December 2011, https://www.theafricareport.
　com/7921/maya-angelous-meeting-with-africa/.

W.H.오든과 크리스토퍼 아이셔우드

F6봉에 오르며 *The Ascent of F6,* Auden, W.H. and
　Christopher Isherwood(Faber, 1936).
전쟁으로의 여행 *Journey to a War,* Auden, W.H. and
　Christopher Isherwood(Faber, 1939).
W.H.오든 전기 *W.H. Auden: A Biography,* Carpenter,
　Humphrey(Allen & Unwin, 1981).
아이셔우드 : 크리스토퍼 아이셔우드 전기 *Isherwood:*
　A Biography of Christopher Isherwood, Fryer,
　Jonathan(New English Library, 1977).
아이셔우드의 일생 *Isherwood: A Life ,* Parker,
　Peter(Picador, 2004).
크리스토퍼 앤 히스 카인드 *Christopher and His Kind,*
　Isherwood, Christophe(Methuen, 1985).

제인 오스틴

샌디턴 *Sanditon,* Austen, Jane(Oxford University, 2019).
제인 오스틴의 초상 *A Portrait of Jane Austen,* Cecil,
　David(Penguin, 2000).
제인 오스틴의 워딩 : 현실의 샌디턴 *Jane Austen's Worthing:*
　The Real Sanditon, Edwards, Antony(Amberley, 2013).
제인 오스틴의 일생 *Jane Austen: A Life,* Noakes,
　David(Fourth Estate, 1997).
제인 오스틴의 일생 *Jane Austen: A Life,* Tomalin,
　Claire(Viking, 1997).
당신이 이곳에 있길 : 바다 위의 영국*Wish You Were Here:*
　England on Sea, Elborough, Travis(Sceptre, 2010).

제임스 볼드윈

문 앞에서 말하기 : 제임스 볼드윈의 삶 *Talking at the Gates:*
　A Life of James Baldwin, Campbell, James(Faber, 1991).
문맥 속에서 제임스 볼드윈 *James Baldwin in Context,* Miller,
　D. Quentin, ed.(Cambridge University Press, 2019).
제임스 볼드윈 전기 *James Baldwin: A Biography,* Leeming,
　David Adams(Michael Joseph, 1994).
파리의 제임스 볼드윈 *'James Baldwin's Paris',* Washington,
　Ellery, The New York Times, 17 January 2017, https://www.
　nytimes.com/2014/01/19/travel/james-baldwins-paris.
　html.

바쇼

바쇼 전기 : 마츠오 바쇼의 문학 산문 *Basho's Journey:*
　The Literary Prose of Matsuo Basho, Barnhill, David
　Landis(State University of New York Press, 2005).
바쇼의 좁은 길 : 봄과 가을의 통로*Basho's Narrow Road:*
　Spring & Autumn Passage, Bashō , Matsuo, trans.
　Hiroaki Sato(Stone Bridge, 1996).
오쿠로 가는 작은 길(한국어판 제목) *The Narrow Road to the*
　Deep North and Other Travel Sketches, Bashō, Matsuo,
　trans. Nobuyuki Yuasa(Penguin, 2005).
머나먼 북으로 향하는 좁은 길 : 잃어버린 일본으로의 여행 *On*
　the Narrow Road to the Deep North: Journey Into a
　Lost Japan, Downer, Lesley(Jonathan Cape, 1989).

샤를 보들레르

당대의 인간 보들레르 *Baudelaire, Man of His Time*, Hyslop, Lois Boe(Yale University Press, 1980).

저주 받은 보들레르 : 전기 *Baudelaire The Damned: A Biography*, Hemmings, F.W.J.(Hamish Hamilton, 1982).

악의 꽃 : 보들레르의 일생 *Flower of Evil: A Life of Charles Baudelaire*, Morgan, Edwin(Sheed & Ward, 1944).

엘리자베스 비숍

브라질 *Brazil*, Bishop, Elizabeth(The Sunday Times, World Library, 1963).

알 수 없는 사랑: 엘리자베스 비숍의 삶과 세계 *Love Unknown: The Life and Worlds of Elizabeth Bishop*, Travisano, Thomas(Viking, 2019).

완전한 시 *The Complete Poems*, Bishop, Elizabeth(Chatto & Windus, 1970).

엘리자베스 비숍 : 시의 전기 *Elizabeth Bishop: The Biography of a Poetry*, Goldensohn, Lorrie(Columbia University Press, 1992).

엘리자베스 비숍: 아침 식사의 기적 *Elizabeth Bishop: A Miracle for Breakfast*, Marshall, Megan(Houghton Mifflin Harcourt, 2017).

엘리자베스 비숍: 삶과 그 기억 *Elizabeth Bishop: Life and the Memory of It*, Miller, Brett(University of California, 1993).

하인리히 뵐

아일랜드 일기 *Irish Journal*, Böll, Heinrich(Secker & Warburg, 1983).

하인리히 뵐 : 당대의 독일인 *Heinrich Böll: A German for His Time*, Reid, J.H.(Oswald Wolff, 1988).

하인리히 뵐과 아일랜드 *Heinrich Böll and Ireland* , Holfter, Gisela(Cambridge Scholars Publishing, 2011).

우리는 모두 정치적 치과의사의 기술을 배워야 한다 'We Must All Learn the Art of Political Dentistry', O'Toole, Fintan, The Irish Times, 20 April 2019.

루이스 캐롤

루이스 캐롤 전기 *Lewis Carroll: A Biography*, Amor, Anne Clark(Dent, 1979).

루이스 캐롤 전기 *Lewis Carroll: A Biography*, Bakewell, Michael(Heinemann, 1996).

루이스 캐롤 전기 *Lewis Carroll: A Biography*, Cohen, Morton N.(Macmillan, 1995).

러시아 일기와 루이스 캐럴의 다른 저작들 *The Russian Journal, and Other Selections from the Works of Lewis Carroll*, Carroll, Lewis, ed. John Francis McDermott(E.P. Dutton & Co, 1935).

아가사 크리스티

오리엔트 특급열차: 1883년부터 1950년까지 오리엔트 특급열차 서비스의 역사 *The Orient Express: The History of the Orient-Express Service from 1883 to 1950*, Burton, Anthony(Chartwell Books, 2001).

자서전 *An Autobiography*, Christie, Agatha(Collins, 1977).

오리엔트 특급 살인 *Murder on the Orient Express*, Christie, Agatha(HarperCollins, 2006).

야간 열차: 슬리퍼의 흥망성쇠 *Night Trains: The Rise and Fall of the Sleeper*, Martin, Andrew(Profile, 2008).

아가사 크리스티 전기 *Agatha Christie: A Biography*, Morgan, Janet(Collins, 1984).

윌키 콜린스와 찰스 디킨스

나태한 두 애송이들의 게으른 여행 *The Lazy Tour of Two Idle Apprentices*, Collins, Wilkie and Charles Dickens(Chapman & Hall, 1890).

윌키 콜린스: 감각의 삶 *Wilkie Collins: A Life of Sensation*, Lycett, Andrew(Hutchinson, 2013).

불평등한 파트너 : 찰스 디킨스와 윌키 콜린스 그리고 빅토리아 시대의 작가 *Unequal Partners: Charles Dickens, Wilkie Collins, and Victorian Authorship*, Nayder, Lillian(Cornell University Press, 2002).

찰스 디킨슨의 생애 *Charles Dickens: A Life*, Tomalin, Claire(Viking, 2011).

찰스 디킨슨의 미스터리 *The Mystery of Charles Dickens*, Wilson, A.N.(Atlantic Books, 2020).

조지프 콘래드

어둠의 심장과 다른 이야기들 *Heart of Darkness and Other*

Tales, Conrad, Joseph(Oxford University Press, 2002).

마지막 에세이 *Last Essays*, Conrad, Joseph(Cambridge University Press, 2010).

조지프 콘래드 전기 *Joseph Conrad: A Biography*, Meyers, Jeffrey(John Murray, 1991).

조지프 콘래드의 생애 : 비평전기 *The Life of Joseph Conrad: A Critical Biography*, Batchelor, John(Blackwell, 1994).

이자크 디네센

아프리카에서 온 편지 *Letters from Africa, 1914–1931*, Dinesen, Isak(Weidenfeld and Nicolson, 1981).

아웃 오브 아프리카 *Out of Africa*, Dinesen, Isak(Random House, 1938).

이자크 디네센과 카렌 블릭센 : 가면과 현실 *Isak Dinesen and Karen Blixen: The Mask and The Reality*, Hannah, Donald(Putnam & Company, 1971).

이자크 디네센 : 카렌 블릭센의 삶 *Isak Dinesen: The Life of Karen Blixen*, Thurman, Judith(Weidenfeld and Nicolson, 1982).

아서 코난 도일

의사, 형사, 그리고 코난 도일 : 아서 코난 도일 전기 *The Doctor, the Detective and Arthur Conan Doyle: A Biography of Arthur Conan Doyle*, Booth, Martin(Coronet, 1998).

코난 도일 : 셜록 홈즈 창작자 전기 *Conan Doyle: A biography of the Creator of Sherlock Holmes*, Brown, Ivor John Carnegie(Hamilton, 1972).

추억과 모험 *Memories and Adventures*, Doyle, Arthur Conan(Hodder and Stoughton, 1924).

셜록 홈즈 펭귄판 *The Penguin Complete Sherlock Holmes*, Doyle, Arthur Conan(Penguin Books, 2009).

셜록 홈즈 : 허가받지 않은 전기 *Sherlock Holmes: The Unauthorized Biography*, Rennison, Nick(Atlantic, 2005).

영국인이 알프스를 만드는 방법 *How the English Made the Alps*, Ring, Jim(John Murray, 2000).

아서 & 셜록 : 코안 도일과 홈즈의 탄생 *Arthur & Sherlock: Conan Doyle and the Creation of Holmes*, Sims, Michael(Bloomsbury, 2017).

F. 스콧 피츠제럴드

실낙원 : F. 스콧 피츠제럴드의 생애 *Paradise Lost: A Life of F. Scott Fitzgerald*, Brown, David S.(The Belknap Press of Harvard University Press, 2017).

부주의한 사람들: 살인, 신체 상해 및 위대한 개츠비의 발명 *Careless People: Murder, Mayhem and The Invention of The Great Gatsby*, Churchwell, Sarah(Virago, 2013).

당신이 이곳에 있길 : 바다 위의 영국 *Wish You Were Here: England on Sea*, Elborough, Travis(Sceptre, 2010).

프랜시스 스콧 피츠제럴드에게 쓴 편지들, 밤은 부드러워라 그리고 단편들 *The Bodley Head Scott Fitzgerald, vol. ii: Autobiographical Pieces, Letters to Frances Scott Fitzgerald, Tender is the Night and Short Stories*, Fitzgerald, F. Scott(The Bodley Head, 1959).

1920년대의 프렌치 리비에라 *The French Riviera in the 1920s*, Grand, Xavier(Assouline Publishing, 2014).

스콧 피츠제럴드 전기 *Scott Fitzgerald: A Biography*, Meyer, Jeffrey(Macmillan, 1994).

모두가 너무 어렸다 : 제럴드와 세라 머피, 잃어버린 세대의 사랑 이야기 *Everybody Was So Young: Gerald and Sara Murphy, a Lost Generation Love Story*, Vaill, Amanda(Little, Brown, 1998).

귀스타프 플로베르

나일 강의 겨울: 나이팅게일, 플로베르와 이집트의 유혹 *A Winter on the Nile: Florence Nightingale, Gustave Flaubert and the Temptations of Egypt*, Sattin, Anthony(Hutchinson, 2010).

이집트의 플로베르: 여행의 감성 *Flaubert in Egypt: A Sensibility on Tour: A Narrative Drawn from Gustave Flaubert's Travel Notes & Letters*, Steegmuller, Francis(The Bodley Head, 1972).

플로베르의 생애 *Flaubert: A Life*, Wall, Geoffrey(Faber, 2001).

요한 볼프강 폰 괴테

이탈리아 기행 *Italian Journey, 1786–1788*, Goethe, Johann Wolfgang von(Collins, 1962).

유럽의 로맨티시즘 *The Oxford Handbook of European Romanticism*, Hamilton, Paul, ed.(Oxford University Press, 2016).

괴테 *Goethe*, Reed, T.J.(Oxford University Press, 1984).

괴테 : 예술 작품으로서의 삶 *Goethe: Life As a Work of Art*, Safranski, Rüdiger(Liveright Publishing Corporation/W.W. Norton & Company, 2017).

괴테의 삶 : 비평전기 *The Life of Goethe: A Critical Biography*, Williams, John R.(Blackwell, 1998).

그레이엄 그린

악마를 쫓다: 그레이엄 그린의 발자취를 따라 사하라 이남 아프리카를 여행하다 *Chasing the Devil: a Journey Through Sub-Saharan Africa in the Footsteps of Graham Greene*, Butcher, Tim(Atlas & Co. Publishers, 2011).

돌아가기엔 너무 늦었다 : 라이베리아의 바바라와 그레이엄 그린 *Too Late to Turn Back: Barbara and Graham Greene in Liberia*, Greene, Barbara(Settle Bendall, 1981).

지도 없는 여정 *Journey Without Maps*, Greene, Graham(Heinemann, Bodley Head, 1978).

그레이엄 그린의 생애 *The Life of Graham Greene, vol. i, 1904–1939*, Sherry, Norman(Penguin, 1990).

헤르만 헤세

헤세 : 반란자와 그의 그림자 *Hesse: The Wanderer and His Shadow*, Decker, Gunnar(Harvard University Press, 2018).

헤르만 헤세 : 위기의 순례자 *Hermann Hesse: Pilgrim of Crisis*, Freedman, Ralph(Jonathan Cape, 1979).

자서전 *Autobiographical Writings*, Hesse, Hermann, Lindley and Theodore Ziolkowski(Jonathan Cape, 1973).

동방순례(한국어판 제목) *The Journey to the East*, Hesse, Hermann(Peter Owen, 1964).

싯다르타 *Siddhartha*, Hesse, Hermann(Peter Owen, 1954).

인도 이야기 *'An Indian Tale'*, Varghese Reji, The Hindu, 1 July 2015, https://www.thehindu.com/features/metroplus/on-hermann-hesses-birth-anniversary-an-indian-tale/article7374743.ece.

퍼트리샤 하이스미스

아름다운 그림자 *Beautiful Shadow: A Life of Patricia Highsmith*, Wilson, Andrew(Bloomsbury, 2003).

이탈리아 휴일: 장기자랑 *'Italian Holidays: Talent Shows*, Wilson, Andrew, The Guardian, 15 October 2005, https://www.theguardian.com/travel/2005/oct/15/italy.onlocationfilminspiredtravel.guardiansaturdaytravelsection.

조라 닐 허스턴

무지개에 싸여 : 조라 닐 허스턴의삶 *Wrapped in Rainbows: The Life of Zora Neale Hurston*, Boys, Valerie(Virago, 2003).

국가의 부활 : 아이티의 허스턴 *'Rebirth of a Nation: Hurston in Haiti'*, Duck, Leigh Anne, The Journal of American Folklore, vol. 117, no. 464(Spring, 2004) pp.127–146, University of Illinois Press, https://www.jstor.org/stable/4137818.

부두교 신: 자메이카와 아이티의 원주민 신화와 마법에 대한 탐구 *Voodoo Gods: An Inquiry Into Native Myths and Magic in Jamaica and Haiti*, Hurston, Zora Neale(J.M. Dent & Sons, 1939).

조라 닐 허스턴 전기 *Zora Neale Hurston: A Biography of the Spirit*, Plant, Deborah G.(Praeger, 2007).

잭 케루악

케루악 : 전기 *Kerouac: A Biography*, Charters, Ann(Deutsch, 1974).

마이너 캐릭터 *Minor Characters*, Johnson, Joyce(Methuen, 2012).

케루악의 편지들 *Selected Letters, 1940–1956*, Kerouac, Jack, ed. Ann Charters(Viking, 1995).

잭 케루악의 미국 여행 *Jack Kerouac's American Journey*, Maher, Paul(Thunder's Mouth Press, 2007).

케루악 : 결정적인 전기 *Kerouac: The Definitive Biography*, Maher, Paul(Taylor Trade, 2004).

케루악, 비트족의 제왕 : 런던에서의 초상 *Jack Kerouac, King of the Beats: A Portrait, London*, Miles, Barry(Virgin Books, 1998).

메모리 베이브 : 잭 케루악 비평전기 *Memory Babe: A Critical Biography of Jack Kerouac*, Nicosia, Gerald(Grove Press, 1983).

잭 런던

잭 런던의 생애 *Jack London: A Life*, Kershaw, Alex(Harper Collins, 1997).

잭 런던 : 어느 미국인의 삶 Jack London: An American Life,
Labor, Earle(Farrar, Straus & Giroux, 2013).

잭 : 잭 런던 전기 Jack: A Biography of Jack London, Sinclair,
Andrew(Weidenfeld and Nicolson, 1978).

말을 탄 선원 : 잭 런던 전기 Sailor on Horseback: The
Biography of Jack London, Stone, Irving(Houghton
Mifflin, 1938).

페데리코 가르시아 로르카

페데리코 가르시아 로르카의 생애 Federico García Lorca: A
Life, Gibson, Ian(Faber, 1989).

뉴욕의 시인 Poet in New York, Lorca, Federico
García(Thames and Hudson, 1955).

로르카 : 인생의 꿈 Lorca: A Dream of Life, Stainton,
Leslie(Bloomsbury, 1998).

캐서린 맨스필드

캐서린 맨스필드의 어린 시절 Katherine Mansfield: The Early
Years, Kimber, Gerri(Edinburgh University Press, 2016).

독일 하숙에서 In a German Pension, Mansfield,
Katherine(Constable, 1926).

캐서린 맨스필드 전기 Katherine Mansfield: A Biography,
Meyers, Jeffery(Hamish Hamilton, 1978).

캐서린 맨스필드와 문학가들의 초상 Katherine Mansfield
and Other Literary Portraits, Murry, John
Middleton(Peter Nevill, 1949).

캐서린 맨스필드 : 비밀스러운 삶 Katherine Mansfield: A
Secret Life, Tomalin, Claire(Viking, 1987).

허먼 멜빌

멜빌과 그의 세계 Melville and His World, Allen, Gay
Wilson(Thames and Hudson, 1971).

멜빌 : 그의 세계와 작품 Melville: His World and Work,
Delbanco, Andrew(London: Picador, 2005).

멜빌의 어린시절과 레드번 Melville's Early Life and Redburn,
Gilman, W.H.(Russell & Russell, 1972).

리바이어던 또는 고래 Leviathan, or the Whale, Hoare,
Philip(Fourth Estate, 2008).

미국 고전 문학 연구 Studies in Classic American Literature,
Lawrence, D.H.(Heinemann, 1964).

레드번 : 그의 첫 항해 Redburn: His First Voyage; White-
Jacket, or, The World in a Man-of-War; Moby-Dick,
or, The Whale, Meville, Herman(Tanselle, G. Thomas,
Literary Classics of the United States America, 1983).

알렉산드르 푸슈킨

푸슈킨 전기 Pushkin: A Biography, Binyon,
T.J(HarperCollins, 2002).

푸슈킨 전기 Pushkin: A Biography, Magarshack,
David(Chapman & Hall, 1967).

푸슈킨 Pushkin, Feinstein, Elaine(Weidenfeld and
Nicolson, 1998).

아르즈룸으로의 여행 A Journey to Arzrum, Pushkin,
Aleksandr Sergeevich, Ingemanson(Ardis, 1974).

푸슈킨의 버튼 Pushkin's Button, Vitale, Serena(Fourth
Estate, 1999).

J.K. 롤링

J.K. 롤링 : 해리포터와 나 'J.K. Rowling: Harry Potter and
Me', BBC Omnibus documentary, 2001.

앙투안 드 생텍쥐페리

앙투안 드 생텍쥐페리: 그의 생애와 시대 Antoine de Saint-
Exupéry: His Life and Times, Cate, Cutis(Heinemann, 1970).

인간의 대지 Wind, Sand and Stars, Saint-Exupéry, Antoine
de(Penguin Books, 2000).

생텍쥐페리 전기 Saint-Exupéry: A Biography, Schiff,
Stacy(Chatto & Windus, 1994).

샘 셀본

블랙 런던: 샘 셀본의 외로운 런던 사람들에 나타난 표현의
정치학 'Black London: The Politics of Representation
in Sam Selvon's The Lonely Londoners', Bentley,
Nick, Wasafiri, 2003, 18:39, pp.41–45, https://doi.
org/10.1080/02690050308589846.

잡종 국가: 디아스포라 문화와 탈식민 영국의 형성
Mongrel Nation: Diasporic Culture and the Making
of Postcolonial Britain, Dawson, Ashley(Michigan

Publishing/University of Michigan, 2007).

부고: 샘 셀본 'Obituary: Sam Selvon', James, Louis, The Independent, 19 April 1994.

망명의 즐거움 The Pleasures of Exile, Lamming, George(Allison & Busby, 1981).

런던 콜링: 흑인과 아시아 작가들이 상상한 도시 London Calling: How Black and Asian Writers Imagined a City, Sandhu, Sukhdev(HarperCollins, 2003).

더 밝게 빛나는 태양 A Brighter Sun, Selvon, Samuel(Longman, 1979).

외로운 런던 사람들 The Lonely Londoners, Selvon, Samuel(Penguin, 2006).

브람 스토커

브람 스토커 : 드라큘라 작가의 전기 Bram Stoker: A Biography of the Author of Dracula, Belford, Barbara(Weidenfeld and Nicolson, 1996).

드라큘라를 쓴 남자 : 브람 스토커 전기 The Man Who Wrote Dracula: A Biography of Bram Stoker, Farson, Daniel(Michael Joseph, 1975).

뱀파이어 : 드라큘라 백작부터 뱀피렐라까지 창세기와 부활 Vampyres: Genesis and Resurrection from Count Dracula to Vampirella, Frayling, Christopher(Thames & Hudson, 2016).

드라큘라의 그림자로부터: 브람 스토커의 삶 From the Shadow of Dracula: A Life of Bram Stoker, Murray, Paul(Cape, 2004).

드라큘라 : 해설서 The Annotated Dracula: Dracula, Stoker, Bram, ed. Leonard Wolf(New English, 1976).

실비아 타운센드 워너

실비아 타운센드 전기 Sylvia Townsend Warner: A Biography, Harman, Claire(Chatto & Windus, 1989).

편지 Letters, Warner, Sylvia Townsend(Chatto & Windus, 1982).

진정한 사랑 The True Heart, Warner, Sylvia Townsend(Chatto & Windus, 1929).

특이한 사람들 'The Peculiar People', Worpole, Ken, The New English Landscape, 6 January 2014, https://thenewenglishlandscape. wordpress.com/tag/sylvia-townsend-warner-the-true-heart/.

메리 울스턴크래프트

그녀 자신의 여자 : 메리 울스턴크래프트의 삶 Her Own Woman: The life of Mary Wollstonecraft, Jacobs, Diane(Abacus, 2001).

메리 셸리를 찾아서: 프랑켄슈타인을 쓴 소녀 In Search of Mary Shelley: the Girl Who Wrote Frankenstein, Sampson, Fiona(Profile Books, 2018).

나는 시간이 있을지도 모른다 : 얼음과 영국의 상상력 I May Be Some Time: Ice and the English Imagination, Spufford, Francis(Faber, 1996).

메리 울스턴크래프트의 삶과 죽음 The Life and Death of Mary Wollstonecraft, Tomalin, Claire(Weidenfeld and Nicolson, 1974).

메리 셸리 : 문학적 삶 Mary Shelley: A Literary Life, Williams, John(Macmillan, 2000).

길 위의 편지(한국어판 제목) Letters Written in Sweden, Norway, and Denmark, Wollstonecraft, Mary(Oxford World's Classics, 2009).

버지니아 울프

버지니아 울프 전기 Virginia Woolf: A Biography, Bell, Quentin(Hogarth Press, 1982).

순간과 변신: 버지니아 울프의 그리스' 'Moments and Metamorphoses: Virginia Woolf's Greece', Fowler, Rowena, Comparative Literature vol. 51, no. 3(Summer, 1999), pp.217–242, Duke University Press, https:// www.jstor.org/stable/1771668.

버지니아 울프 작품의 헬레니즘과 상실 Hellenism and Loss in the Work of Virginia Woolf, Koulouris, Theodore(Routledge, Taylor & Francis Group, 2018).

버지니아 울프 Virginia Woolf, Lee, Hermione(Chatto & Windus, 1996).

나방과 별 : 버지니아 울프의 전기 The Moth and the Star: A Biography of Virginia Woolf, Pippett, Aileen(Little, Brown, 1955).

존재의 순간: 출판되지 않은 자서전 Moments of Being: Unpublished Autobiographical,, Woolf, Virginia, ed. Jeanne Schulkind(Chatto and Windus for Sussex University Press, 1976).

찾아보기

가나다 순 / 작품 및 잡지에는 원문을 병기하였으며, 작품의 원제는 이탤릭체로 표시했습니다.

이미지 크레딧

2 Peter Fogden/Unsplash; 9 Wjaceslav Polejaev/Dreamstime; 11 above Carlos Ibáñez/Unsplash; 11 below Niday Picture Library/Alamy Stock Photo; 12 Andrew Pinder; 14 Virgyl Sowah/Unsplash; 15 Ariadne Van Zandbergen/Alamy Stock Photo; 17 Andrew Pinder; 18 Bettmann/Getty Images; 19 Kaiyu Wu/Unsplash; 20–1 Yang Song/Unsplash; 22 Ivona17/Dreamstime; 25 Look and Learn/Illustrated Papers Collection/Bridgeman Images; 26–7 Trigger Image/Alamy Stock Photo; 28 Adrien/Unsplash; 29 Andrew Pinder; 32 Robert Doisneau/Gamma-Rapho/Getty Images; 33 Keystone-France/Gamma-Rapho/Getty Images; 34 CPA Media Pte Ltd/Alamy Stock Photo; 37 David Bertho/Alamy Stock Photo; 39 German Vizulis/Shutterstock; 40–1 Old Images/Alamy Stock Photo; 42–3 Xavier Coiffic/Unsplash; 44 Andrew Pinder; 45 BrazilPhotos/Alamy Stock Photo; 48 Leonardo Finotti; 49 Imagebroker/Alamy Stock Photo; 50 Rizby Mazumder/Unsplash; 51 Andrew Pinder; 54 Ivona17/Dreamstime; 55 Christian Wiediger/Unsplash; 58–9 iam_os/Unsplash; 60 Shawshots/Alamy Stock Photo; 61 Ivona17/Dreamstime; 64–5 robertharding/Alamy Stock Photo; 66 Daniel Burka/Unsplash; 68 Andrew Pinder; 70 Gavin Dronfield/Alamy Stock Photo; 71 above Illustrated London News Ltd/Mary Evans; 71 below Hulton Archive/Getty Images; 73 Granger Historical Picture Archive/Alamy Stock Photo; 74 EyeEm/Alamy Stock Photo; 75 DeAgostini/Biblioteca Ambrosiana/Getty Images; 76–7 Zute Lightfoot/Alamy Stock Photo; 78 Andrew Pinder; 80 Apic/Getty Images; 81 DeAgostini/G. Wright/Getty Images; 82 Ivona17/Dreamstime; 84–5 Marc/Unsplash; 86 Hulton Archive/Getty Images; 88–9 eugen_z/Alamy Stock Photo; 90 Andrew Pinder; 91 Michael Shannon/Unsplash; 94 Christie's Images/Bridgeman Images; 95 Photo12/Universal Images Group/Getty Images; 96–7 Gerti Gjuzi/Unsplash; 99 Ivona17/Dreamstime; 100–101 Omar Elsharawy/Unsplash; 103 Granger/Bridgeman Images; 104 Ivona17/Dreamstime; 106 DeAgostini/Getty Images; 107 Henrique Ferreira/Unsplash; 108 DeAgostini/Getty Images; 109 Anastasiia Rozumna/Unsplash; 110–11 Anjuna Ale/Unsplash; 112 Social Income/Unsplash; 113 Andrew Pinder; 116–17 Tommy Trenchard/Alamy Stock Photo; 117 sjbooks/Alamy Stock Photo; 118 Ivona17/Dreamstime; 119 Alex Azabache/Unsplash; 122 VTR/Alamy Stock Photo; 123 above Hulton Archive/Getty Images; 123 below Kenishirotie/Alamy Stock Photo; 125 Andrew Pinder; 127 Samuel C./Unsplash; 128–9 Letizia Agosta/Unsplash; 130 Yves Alarie/Unsplash; 131 Andrew Pinder; 132 Everett Collection/Bridgeman Images; 135 J.B. Helsby/Topical Press Agency/Getty Images; 136 Andrew Pinder; 137 Jean Colet/Unsplash; 138 above Private Collection/Bridgeman Images; 138 below Jason Finn/Alamy Stock Photo; 141 Robert Gomez/Unsplash; 143 Naci Yavuz/Shutterstock; 145 Kayti Coonjohn; 146 Stefano Bianchetti/Corbis/Getty Images; 147 Christophel Fine Art/Universal Images Group/Getty Images; 149 Andrew Pinder; 150 Bettmann/Getty Images; 151 Zach Miles/Unsplash; 152–3 Kumar Sriskandan/Alamy Stock Photo; 154 Sam Oaksey/Alamy Stock Photo; 156–7 NatureQualityPicture/Shutterstock; 158 ullstein bild/ullstein bild/Getty Images; 159 Look and Learn/Valerie Jackson Harris Collection/Bridgeman Images; 160 Phil Kiel/Unsplash; 161 German Vizulis/Shutterstock; 165 Peacock Graphics/Alamy Stock Photo; 166 T. Latysheva/Shutterstock; 168 Lena Serditova/Shutterstock; 170 Artepics/Alamy Stock Photo; 171 Fine Art Images/Heritage Images/Getty Images; 172 thongvhod/Shutterstock; 174 Shahid Khan/Alamy Stock Photo; 175 Sarah Ehlers/Unsplash; 177 Andrew Pinder; 178–9 Michele Burgess/Alamy Stock Photo; 180 Spaarnestad Photo/Bridgeman Images; 181 Keystone Press/Alamy Stock Photo; 182 Andrew Pinder; 183 Pierre Becam/Unsplash; 186 The National Archives/SSPL/Getty Images; 187 Daily Express/Pictorial Parade/Hulton Archive/Getty Images; 188 Jess McMahon/Unsplash; 189 Private Collection; 192 Paul Williams/Alamy Stock Photo; 193 steeve-x-foto/Alamy Stock Photo; 194 Andrew Pinder; 196–7 G. Scammell/Alamy Stock Photo; 198 Bridgeman Images; 199 Daniel Jones/Alamy Stock Photo; 201 Andrew Pinder; 202–3 mariusz.ks/Shutterstock; 204 above Universal History Archive/Universal Images Group/Getty Images; 204 below Universal History Archive/Universal Images Group/Getty Images; 206 Andrew Pinder; 207 Pat Whelen/Unsplash; 210–11 Niday Picture Library/Alamy Stock Photo; 211 Bridgeman Images.

지은이 트래비스 엘버러

"영국에서 가장 뛰어난 대중문화 역사가 가운데 하나"라는 찬사를 듣는 트래비스 엘버러는 런던에 거주하는 작가이자 사회평론가이다. 그의 작품들은 복고적인 문화의 덧없음뿐 아니라 런던의 역사와 지리, 그리고 그 외에 다른 주제들을 살살이 파헤친다. 엘버러의 작품《사라져가는 장소들의 지도》는 2020년 에드워드 스탠퍼드 트래블 라이팅 어워즈를 수상했으며, 런던의 교통을 대표해왔던 루트마스터 버스에 부치는《우리가 사랑한 버스》역시 그의 작품이다. 그 외에도《여행자의 일 년》,《런던에서 보낸 일 년》,《작가 되기》,《공원산책》등이 있다. 트래비스는 라디오4와 <가디언>에 정기적으로 기고하며, 카리브 해의 해적부터 영국 바닷가의 당나귀까지 여행과 문화의 모든 측면을 글로 다룬다. <타임스>, <선데이 타임스>, <뉴 스테이트맨>, <BBC 히스토리 매거진> 등에서 그의 글을 만나볼 수 있으며, 웨스트민스터 대학교에서 방문교수로 창의적인 글쓰기를 가르치고 있다.

옮긴이 김문주

연세대학교 정치외교학과 졸업 후 연세대학교 신문방송학과 석사를 수료하였다. 현재 번역에이전시 엔터스코리아에서 전문 번역가로 활동하고 있다. 주요 역서로는《밥 프록터 부의 확신》,《생각한다는 착각》,《지친 당신에게 고요를 선물합니다》,《길들여진, 길들여지지 않은》,《예술가는 절대로 굶어 죽지 않는다》등이 있다.

감수 박재연

서울에서 프랑스어와 프랑스 문학을, 파리에서 미술사와 박물관학을 공부했다. 시각 이미지가 품고 있는 이야기들이 시대와 문화권에 따라 달라지는 여러 모양새를 들여다보는 것을 좋아한다. 아주대학교 문화콘텐츠학과에서 학생들을 가르치면서 예술과 역사에 관한 번역과 집필, 강연과 기획 활동을 하고 있다.

작가의 여정

초판 1쇄 발행 2023년 12월 1일
지은이 트래비스 엘버러 | **옮긴이** 김문주 | **감수** 박재연
펴낸곳 Pensel | **출판등록** 제 2020-0091호 | **주소** 서울특별시 은평구 통일로 660, 306-201
펴낸이 허선회 | **책임편집** 김유진, 김재경
인스타그램 seonaebooks | **전자우편** jackie0925@gmail.com

'Pensel'은 도서출판 서내의 예술 도서 브랜드입니다.

First published in 2022 by White Lion Publishing an imprint of The Quarto Group.